Henri Poincaré

Sechs Vorträge über ausgewählte Gegenstände aus der reinen Mathematik und mathematischen Physik

bremen
university
press

Henri Poincaré

Sechs Vorträge über ausgewählte Gegenstände aus der reinen Mathematik und mathematischen Physik

ISBN/EAN: 9783955623135

Auflage: 1

Erscheinungsjahr: 2013

Erscheinungsort: Bremen, Deutschland

bremen
university
press

SECHS VORTRÄGE
ÜBER AUSGEWÄHLTE GEGENSTÄNDE
AUS DER REINEN MATHEMATIK
UND MATHEMATISCHEN PHYSIK

AUF EINLADUNG DER WOLFSKEHL-KOMMISSION
DER KÖNIGLICHEN GESELLSCHAFT DER WISSENSCHAFTEN
GEHALTEN ZU GÖTTINGEN VOM 22.—28. APRIL 1909

VON

HENRI POINCARÉ
MITGLIED DER FRANZÖSISCHEN AKADEMIE
PROFESSOR AN DER FACULTÉ DES SCIENCES
DER UNIVERSITÄT PARIS

MIT 6 IN DEN TEXT GEDRUCKTEN FIGUREN

LEIPZIG UND BERLIN
DRUCK UND VERLAG VON B. G. TEUBNER
1910

PRÉFACE.

L'Université de Göttingen a bien voulu m'inviter à traiter devant un savant auditoire diverses questions d'Analyse pure, de Physique mathématique, d'Astronomie théorique et de Philosophie mathématique; les conférences que j'ai faites à cette occasion ont été recueillies par quelques étudiants qui ont eu la bonté de les rédiger en corrigeant les nombreuses offenses que j'avais faites à la grammaire allemande. Je leur en exprime ici toute ma reconnaissance.

Il convient également que je m'excuse auprès du public de la brièveté avec laquelle ces sujets sont traités. Je ne disposais pour exposer chacun d'eux que d'un temps très court, et je n'ai pu la plupart du temps que donner une idée générale des résultats, ainsi que des principes qui m'ont guidé dans les démonstrations, sans entrer dans les détails mêmes de ces démonstrations.

Inhaltsverzeichnis.

ERSTER VORTRAG
ÜBER DIE FREDHOLMSCHEN GLEICHUNGEN

Die Integralgleichung

$$(1) \qquad \varphi(x) = \lambda \int_a^b f(x, y)\, \varphi(y)\, dy + \psi(x)$$

wird bekanntlich aufgelöst durch die Integralgleichung derselben Art

$$(1\,\mathrm{a}) \qquad \varphi(x) = \psi(x) + \lambda \int_a^b \psi(y)\, G(x, y)\, dy,$$

wobei

$$G(x, y) = \frac{N(x, y\,;\lambda\,|\,f)}{D(\lambda\,|\,f)}$$

gesetzt ist. N und D sind, wie aus der Fredholmschen Theorie bekannt ist, zwei ganze transzendente Funktionen in bezug auf λ. Um ihre Entwicklung explizite hinschreiben zu können, bezeichne man, wie Fredholm, mit $f\begin{pmatrix} x_1, x_2, \cdots x_n \\ y_1, y_2, \cdots y_n \end{pmatrix}$ diejenige n-reihige Determinante, deren allgemeines Element $f(x_i, y_k)$ ist. Setzt man dann

$$a_n = \int_a^b \int_a^b \cdots \int_a^b f\begin{pmatrix} x_1, x_2, \cdots x_n \\ x_1, x_2, \cdots x_n \end{pmatrix} dx_1 \cdots dx_n,$$

so hat man

$$D(\lambda) = \sum_0^\infty \frac{(-\lambda)^n}{n!}\, a_n.$$

Diese Gleichung formen wir um, indem wir die durch „Iteration" aus $f(x, y)$ entstehenden Kerne heranziehen. Setzen wir zunächst

$$f(x_\alpha, x_\beta)\, f(x_\beta, x_\gamma) \cdots f(x_\lambda, x_\mu)\, f(x_\mu, x_\alpha) = f(x_\alpha, x_\beta, \cdots x_\lambda, x_\mu),$$

so ist klar, daß $f\begin{pmatrix} x_1, \cdots x_n \\ x_1, \cdots x_n \end{pmatrix}$ die Form hat

$$\sum \pm \Pi f(x_\alpha, \cdots x_\mu),$$

wie sofort aus der Entwicklung der Determinante hervorgeht. Sei nun

$$b_k = \int_a^b \cdots \int_a^b f(x_\alpha, \cdots x_\mu)\, dx_\alpha \cdots dx_\mu,$$

1*

wobei k die Anzahl der Integrationsvariabeln $x_\alpha, \cdots x_\mu$ bedeutet, so können wir offenbar auch setzen

$$b_k = \int_a^b f_k(x, x)\, dx,$$

wenn unter

$$f_k(x, y) = \int_a^b \cdots \int_a^b f(x, x_\alpha)\, f(x_\alpha, x_\beta) \cdots f(x_\lambda, y)\, dx_\alpha \cdots dx_\lambda$$

der „k-fach iterierte Kern" verstanden wird.

Wir haben den obigen Relationen zufolge jetzt

$$a_n = \sum \pm \Pi b_k.$$

Beachten wir nun, daß gewisse unter den in einem Produkt Πb_k enthaltenen b_k einander gleich werden können, daß ferner gewisse der Produkte Πb_k selbst einander gleich sein werden, nämlich solche, die durch eine Permutation der x_i auseinander entstehen, so ergibt eine kombinatorische Betrachtung für a_n einen Ausdruck von der Form

$$a_n = \sum_{a\alpha + b\beta + c\gamma + \cdots = n} \frac{n!}{a^\alpha b^\beta c^\gamma \cdots a!\, b!\, c! \cdots} [(-1)^{\alpha+1} b_\alpha]^a \, [(-1)^{\beta+1} b_\beta]^b \, [(-1)^{\gamma+1} b_\gamma]^c \cdots$$

und also

$$D(\lambda) = \sum_{a, b, c, \cdots} \frac{1}{a!\, b!\, c!} \left(-\frac{\lambda^\alpha b_\alpha}{\alpha}\right)^a \left(-\frac{\lambda^\beta b_\beta}{\beta}\right)^b \cdot \left(-\frac{\lambda^\gamma b_\gamma}{\gamma}\right)^c$$

d. h.

(2)
$$D(\lambda) = \prod_1^\infty e^{-\frac{\lambda^\alpha b_\alpha}{\alpha}}$$

also

(2a)
$$\log D(\lambda) = -\sum \frac{\lambda^\alpha b_\alpha}{\alpha},$$

(2b)
$$\frac{D'(\lambda)}{D(\lambda)} = -\sum \lambda^{\alpha-1} b_\alpha.$$

Den Zähler $N(x, y; \lambda)$ der Funktion $G(x, y; \lambda)$ kann man auf analoge Weise durch die Gleichung

(3)
$$N(x, y; \lambda) = D(\lambda) \cdot \sum \lambda^h f_{h+1}(x, y)$$

definieren. Diese Gleichungen, welche sich übrigens schon bei Fredholm finden, sind nützlich als Ausgangspunkt für viele Betrachtungen, wie sich nun an einigen Beispielen zeigen wird.

Die Fredholmsche Methode ist unmittelbar gültig nur für solche Kerne $f(x, y)$, die endlich bleiben. Wird der Kern an gewissen

Stellen unendlich, so kann dennoch der Fall eintreten, daß ein iterierter Kern, etwa $f_n(x, y)$, endlich bleibt. Dann läßt sich die Integralgleichung mit dem iterierten Kerne nach Fredholm behandeln, und Fredholm zeigt, daß die ursprüngliche Integralgleichung (1) sich auf diese zurückführen läßt. Die Auflösung wird wieder durch eine Formel der Gestalt (1a) gegeben, nur ist jetzt

$$G = \frac{N_1(x, y; \lambda)}{D_n(\lambda)}$$

zu setzen, wobei

$$D_n(\lambda) = D(\lambda^n \mid f_n)$$

und

$$N_1(x, y; \lambda) = D_n(\lambda) \cdot \sum \lambda^h f_{h+1}(x, y)$$

ist. Dabei sind N_1 und D_n wieder ganze transzendente Funktionen von λ; jedoch zeigt es sich, daß sie einen gemeinsamen Teiler besitzen; wir wollen zusehen, wie sich dies aus unseren Formeln (2) bis (3) ergibt und wie wir eine Bruchdarstellung der meromorphen Funktion G erhalten, bei der Nenner und Zähler ganze Funktionen ohne gemeinsamen Teiler sind.

Aus unserer Annahme über die iterierten Kerne folgt, daß die Koeffizienten $b_n, b_{n+1}, \ldots$ endlich sind. Bilden wir nun in Anlehnung an Gleichung (2a) die Reihe

$$K(\lambda) = -\lambda^n \frac{b_n}{n} - \lambda^{n+1} \frac{b_{n+1}}{n+1} - \cdots$$

so wird dieselbe konvergieren. Jetzt setzen wir

$$G(x, y; \lambda) = \frac{e^K \sum \lambda^h f_{h+1}}{e^K}$$

und behaupten, in dieser Formel die gewünschte Darstellung zu haben.

Um dies zu beweisen, haben wir zu zeigen, daß e^K und $e^K \cdot \sum \lambda^{h+1} f_{h+1}$ ganze Funktionen sind.

Zu diesem Zwecke bilden wir $\frac{dK}{d\lambda}$. Man berechnet leicht

$$-\frac{dK(\lambda)}{d\lambda} = \lambda^{n-1} \int_a^b \frac{N_1(x, x)}{D_n(\lambda)} dx + \sum_{k=1}^{k=n-1} \lambda^{n+k-1} \int_a^b \int_a^b \frac{N_1(x, y)}{D_n} f_k(x, y) dx dy.$$

Hieraus schließt man zunächst, daß $\frac{dK}{d\lambda}$ eine meromorphe Funktion von λ ist; denn sie besitzt höchstens Pole in den Nullstellen von $D_n(\lambda)$, d. h. in den Stellen $\lambda = \alpha \cdot \lambda_i$, wo α eine n-te Einheitswurzel und λ_i ein Eigenwert des Kernes f_n ist. Man kann nun zeigen, daß in diesen möglichen Unendlichkeitsstellen das Cauchysche Residuum von $\dfrac{dK}{d\lambda}$ gleich 1 oder 0 ist, je nachdem $\alpha = 1$ oder $\alpha \neq 1$ genommen wird. Die hierzu gehörige Rechnung wollen wir jetzt nicht durchführen; man benutzt dabei den Umstand, daß das für $\lambda = \lambda_k$ genommene Residuum von $\dfrac{N_1(x,y)}{D_n}$ gleich $\varphi_k(x)\,\psi_k(y)$ ist, wo $\varphi_k,\ \psi_k$, die zu $\lambda = \lambda_k$ gehörigen Eigenfunktionen, den Gleichungen

$$\int_a^b \varphi_k(x)\,f_p(y,x)\,dx = \lambda_k^{-p}\,\varphi_k(y)$$

$$\int_a^b \psi_k(z)\,f_p(z,y)\,dz = \lambda_k^{-p}\,\psi_k(y)$$

genügen. Hieraus folgt, daß $e^{K(\lambda)}$ eine ganze transzendente Funktion ist, die nur an den Stellen $\lambda = \lambda_i$ verschwindet.

Betrachtet man ebenso den Zähler von G, so sieht man zunächst, daß er eine meromorphe Funktion von λ wird, die höchstens an den Stellen $\lambda = \alpha\lambda_i$ unendlich werden kann. Die Betrachtung der Residuen zeigt jedoch, daß dies nicht geschieht, und somit, daß der Zähler $e^K\sum\lambda^h f_{h+1}$ ebenfalls eine ganze transzendente Funktion ist. Damit ist die Reduktion des Fredholmschen Bruches geleistet.

Die Reihenentwicklung für Zähler und Nenner des Fredholmschen Bruches in dieser reduzierten Gestalt erhalten wir, indem wir auf die Bildungsweise von $K(\lambda)$ zurückgehen; setzen wir den Nenner

$$e^{K(\lambda)} = \sum{}'(-\lambda)^n \frac{a'_n}{n!},$$

so haben wir

$$a'_n = \sum_{a\alpha + b\beta + c\gamma + \cdots = n} \pm\, b_\alpha{}^a\, b_\beta{}^b\, b_\gamma{}^c \cdots,$$

wobei zu setzen ist $b_\alpha = 0$ für $\alpha < n$ und

$$b_\alpha = \int_a^b f_\alpha(x,x)\,dx \qquad \text{für } \alpha \geqq n.$$

In analoger Weise wird der Zähler gebildet. Man muß also die Determinanten in der gewöhnlichen Weise entwickeln, aber diejenigen Glieder dieser Entwicklung wegwerfen, welche einen Faktor von der Form $f(x_1, x_2, \cdots x_k)$ mit weniger als n Veränderlichen enthalten.

Unsere Formeln (2), (2a), (3) sind auch in dem Falle von Nutzen, daß außer dem Kern $f(x,y)$ auch alle iterierten Kerne unendlich werden und die Fredholmsche Methode also nun sicher versagt. Seien etwa die Zahlen $b_1, b_2, \cdots b_{n-1}$ unendlich,

$$b_n, b_{n+1} \cdots \qquad \text{endlich.}$$

Man kann dann jedenfalls die Reihe $K(\lambda)$ bilden, fragen ob sie konvergiert und untersuchen, ob $e^{K(\lambda)}$ wieder eine ganze Funktion darstellt. Unter der Voraussetzung, daß $f(x, y)$ ein symmetrischer Kern ist, d. h.

$$f(x, y) = f(y, x),$$

ist mir dieser Nachweis gelungen. Ich benutze dabei die Relationen

$$b_n = \sum \lambda_i^{-n},$$

die für $n > 2$ gelten müssen, da das Geschlecht der Funktion $D(\lambda)$ einem Hadamardschen Satze zufolge kleiner als 2 ist.

Den Beweis mitzuteilen fehlt jetzt die Zeit.

Für den Zähler des Fredholmschen Bruches habe ich die Betrachtung nicht durchgeführt.

Noch einige Worte über die Integralgleichung 1. Art! Auf gewisse derartige Integralgleichungen kann man, wenn man sie zuvor auf Integralgleichungen der 2. Art zurückführt, die Fredholmsche Methode direkt anwenden. Es liege z. B. die Gleichung

$$(1) \qquad \int_{-\infty}^{+\infty} \varphi(y)\,[e^{ixy} + \lambda f(x, y)]\,dy = \psi(x) \qquad (-\infty < x < +\infty)$$

vor, in der $\psi(x)$ die gegebene, $\varphi(x)$ aber die gesuchte Funktion ist, während der Bestandteil $f(x, y)$ des Kerns eine gegebene Funktion ist, die gewissen, weiter unten angegebenen beschränkenden Voraussetzungen unterworfen ist. Für die gesuchte Funktion $\varphi(y)$ machen wir den Ansatz

$$\varphi(y) = \int_{-\infty}^{+\infty} \Phi(z)\,e^{-izy}\,dz,$$

aus dem nach dem Fourierschen Integraltheorem, falls $\Phi(x)$ die Bedingungen für dessen Gültigkeit erfüllt, umgekehrt

$$2\pi\,\Phi(x) = \int_{-\infty}^{+\infty} \varphi(y)\,e^{ixy}\,dy$$

folgt. Danach verwandelt sich (1) in

$$2\pi\,\Phi(x) + \lambda \iint_{-\infty}^{+\infty} \Phi(z)\,f(x, y)\,e^{-izy}\,dz\,dy = \psi(x)$$

oder

$$2\pi\,\Phi(x) + \lambda \int_{-\infty}^{+\infty} \Phi(z)\,K(x, z)\,dz = \psi(x),$$

wenn

$$(2) \qquad K(x, z) = \int\limits_{-\infty}^{+\infty} f(x, y) e^{-izy} \, dy$$

gesetzt wird, und damit sind wir bereits bei einer Integralgleichung 2. Art angelangt. Der Kern (2) gestattet die Anwendung der Fredholmschen Methode z. B. dann, wenn $f(x, y)$ und $\dfrac{\partial f(x, y)}{\partial y}$ gleichmäßig in x für $y = \pm \infty$ gegen 0 konvergieren und die Ungleichung

$$\frac{\partial^2 f}{\partial y^2} < \frac{M}{1 + y^2}$$

statthat, in der M eine von x und y unabhängige Konstante bedeutet. Von $\psi(x)$ genügt es etwa, anzunehmen, daß es nur endlichviele Maxima und Minima besitzt und im Intervall $-\infty \cdots +\infty$ absolut integrierbar ist.

Wir können dieselbe Methode auf eine Reihe

$$\psi(x) = \sum_{(m)} A_m [e^{imx} + \lambda \theta_m(x)]$$

anwenden; das Problem ist hier also, wenn $\psi(x)$ und die Funktionen $\theta_m(x)$ gegeben sind, die Koeffizienten A_m so zu berechnen, daß die hingeschriebene Entwicklung gültig ist. Handelte es sich soeben um eine Erweiterung des *Fourierschen Integraltheorems*, so haben wir es jetzt mit einer Verallgemeinerung der *Fourierschen Reihe* zu tun.

Setzen wir $\varphi(z)$ in der Form

$$\varphi(z) = \sum_{(m)} A_m e^{imz}; \qquad 2\pi A_m = \int\limits_0^{2\pi} \varphi(z) e^{-imz} \, dz$$

an, so bekommen wir

$$\psi(x) = \varphi(x) + \frac{\lambda}{2\pi} \int\limits_0^{2\pi} \varphi(z) \cdot \sum_{(m)} e^{-imz} \theta_m(x) \cdot dz.$$

Von der Reihe, welche hier als Kern fungiert, müssen wir voraussetzen, daß sie absolut und gleichmäßig konvergiert, d. h. wir müssen annehmen, daß

$$(3) \qquad\qquad \sum_{(m)} |\theta_m(x)|$$

gleichmäßig konvergiert.

Setzen wir beispielsweise

$$\lambda = 1, \quad \theta_m(x) = e^{i\mu_m x} - e^{imx},$$

so erhalten wir eine Entwicklung der Form

$$\psi(x) = \sum_{(m)} A_m e^{i\mu_m x}$$

Die Bedingung (3) ist erfüllt, wenn wir die absolute Konvergenz von

$$\sum_{(m)}(u_m - m)$$

voraussetzen.

Endlich betrachten wir noch die Gleichung

$$(4) \qquad \int_0^{2\pi} \varphi(y)[e^{ixy} + \lambda f(x, y)]\,dy = \psi(x), \qquad (-\infty < x < +\infty)$$

welche sich von (1) dadurch unterscheidet, daß das Integral nicht in unendlichen, sondern in endlichen Grenzen zu nehmen ist. In diesem Fall darf $\psi(x)$ nicht willkürlich gewählt werden: es muß, falls $f(x, y)$ holomorph ist, sicher eine ganze transzendente Funktion sein, wenn die Gleichung (4) eine Auflösung besitzen soll. Dagegen dürfen die Werte $\psi(m)$ dieser Funktion ψ für alle ganzen Zahlen m im wesentlichen willkürlich angenommen werden. Setze ich nämlich

$$\varphi(z) = \sum_{(m)} A_m e^{-imz}, \quad \text{wo} \quad 2\pi A_m = \int_0^{2\pi} \varphi(y)e^{imy}\,dy \quad \text{ist,}$$

so verwandelt sich (4), für $x = m$ genommen, in

$$2\pi A_m + \lambda \sum_{(p)} A_p \int_0^{2\pi} e^{-ipy} f(m, y)\,dy = \psi(m).$$

Wir gelangen so zu einem System unendlich vieler linearer Gleichungen mit unendlich vielen Unbekannten, wie sie von Hill, H. v. Koch, Hilbert u. a. untersucht worden sind. Die Lösung dieses Systems ist, falls wir für die Reihe

$$(5) \qquad \sum_{(p,\, m)} \int_0^{2\pi} e^{-ipy} f(m, y)\,dy$$

die Voraussetzung absoluter und gleichmäßiger Konvergenz machen, der Fredholmschen Lösung der Integralgleichungen durchaus analog und stellt sich wie diese als meromorphe Funktion des Parameters λ dar. Die gleichmäßige und absolute Konvergenz von (5) ist aber, wie sich durch partielle Integration ergibt, sichergestellt, falls die Summe

$$\sum_{(m)} f''(m, z)$$

oder das Integral

$$\int_{-\infty}^{+\infty} f''(x, z)\,dx$$

absolut und gleichmäßig konvergiert.

Man sieht die Ähnlichkeit und den Unterschied der beiden Fälle
(1) und (4) deutlich: je nachdem die Integrationsgrenzen unendlich
oder endlich sind — oder auch, je nachdem der Kern in den Integrationsgrenzen keine oder eine genügend hohe Singularität aufweist —,
darf man die „gegebene" Funktion im wesentlichen willkürlich wählen
oder ihr nur eine zwar unendliche, jedoch *diskrete* Reihe von Funk-
tionswerten vorschreiben. Es wäre wohl nicht ohne Interesse, den
hier zur Geltung kommenden Unterschied mit Hilfe der Iteration der
Kerne näher zu betrachten.

ANWENDUNG
DER THEORIE DER INTEGRALGLEICHUNGEN
AUF DIE FLUTBEWEGUNG DES MEERES

Ich will Ihnen heute über einige Anwendungen der Integral-
gleichungstheorie auf die Flutbewegung berichten, die ich im letzten
Semester gelegentlich einer Vorlesung über diese Erscheinung ge-
macht habe.

Die Differentialgleichungen des Problems sind die folgenden:

$$(1) \quad \begin{cases} \text{a)} & k^2 \sum \frac{\partial}{\partial x}\left(h_1 \frac{\partial \varphi}{\partial x}\right) + k^2 \left(\frac{\partial \varphi}{\partial x}\frac{\partial h_2}{\partial y} - \frac{\partial \varphi}{\partial y}\frac{\partial h_2}{\partial x}\right) = \zeta, \\ \text{b)} & g\cdot\zeta = -\lambda^2\varphi + \Pi + W \end{cases}$$

Wir stellen uns dabei vor, daß die Kugeloberfläche der Erde
etwa durch stereographische Projektion konform auf die (x,y)-Ebene
bezogen sei; dann bedeute $k(x,y)$ das Ähnlichkeitsverhältnis der Ab-
bildung zwischen Ebene und Kugel. Die Lösung des Flutproblems
denken wir uns durch periodische Funktionen der Zeit t gegeben,
und wir nehmen speziell an, daß unsere Gleichungen (1) einem einzigen periodischen Summanden von der Form $A\cos(\lambda t+\alpha)$ entsprechen, sodaß also λ in unseren Gleichungen die Schwingungsperiode bestimmt; es ist bequem, statt der Kosinus komplexe Expo-
nentialgrößen einzuführen und also etwa anzunehmen, daß alle unsere
Funktionen die Form

$$e^{i\lambda t}\cdot f(x,y)$$

haben; der reelle und imaginäre Teil dieser komplexen Lösungen
stellt uns dann die physikalisch brauchbaren Lösungen dar.

$\varphi(x,y)$ ist definiert durch

$$-\lambda^2\varphi = V - p,$$

wo V das hydrostatische Potential, p der Druck ist.

Ist h die Tiefe des Meeres, so definieren wir

$$h_1 = -\frac{h\lambda^2}{-\lambda^2 + 4\omega^2\cos^2\vartheta},$$

$$h_2 = -\frac{2\omega i\cos\vartheta}{\lambda}\cdot h_1, \qquad (i = \sqrt{-1})$$

wo ϑ die Colatitude des zu (x,y) gehörigen Punktes der Erde, ω die
Winkelgeschwindigkeit der Erde bedeutet. $\zeta(x,y)$ ist die Differenz
zwischen der Dicke der mittleren und der gestörten Wasserschicht,
d. h. $\zeta > 0$ entspricht der Ebbe, $\zeta < 0$ der Flut.

g ist die Beschleunigung der Schwerkraft, W das Potential der Störungskräfte, Π ist das Potential, welches von der Anziehung der Wassermassen von der Dicke ζ herrührt. Ist z. B.

so wird
$$\zeta = \sum A_n X_n,$$
$$\Pi = \sum \frac{4\pi A_n}{2n+1} X_n,$$

wo die X_n die Kugelfunktionen sind.

Die Einheiten sind so gewählt, daß die Dichte des Wassers gleich 1, der Radius der Erdkugel gleich 1 ist.

Die Größe Π kann man meistens vernachlässigen; tut man dies, so erhält man sofort für φ eine partielle Differentialgleichung 2. Ordnung. Um aus derselben φ zu bestimmen, muß man gewisse Grenzbedingungen vorschreiben. Wir unterscheiden da zwei Fälle:

1. Der Rand des Meeres ist eine vertikale Mauer; dann wird

$$\frac{\partial \varphi}{\partial n} + \frac{2\omega i}{\lambda} \cos \vartheta \cdot \frac{\partial \varphi}{\partial s} = 0,$$

wobei $\dfrac{\partial \varphi}{\partial n}, \dfrac{\partial \varphi}{\partial s}$ die normale bzw. tangentiale Ableitung von φ ist.

2. Der Rand des Meeres ist nicht vertikal; dann ist dort

$$h = 0, \quad \text{also} \quad h_1 = h_2 = 0.$$

Die Grenzbedingung lautet hier, daß φ am Rande regulär und endlich bleiben soll.

Um auf diese Probleme die Methoden der Integralgleichungen anwenden zu können, erinnern wir uns zunächst der allgemeinen Überlegungen, wie sie Hilbert und Picard für Differentialgleichungen anstellen. Sei

$$D(u) = f(x, y)$$

eine partielle Differentialgleichung 2. Ordnung für u, die elliptischen Typus hat, so ist eine, gewisse Grenzbedingungen erfüllende, Lösung u darstellbar in der Form

$$u = \int \int f' G \, d\sigma',$$

wobei $G(x, y; x', y')$ die zu diesen Randbedingungen gehörige Greensche Funktion des Differentialausdruckes $D(u)$ ist; f' ist $f(x', y')$, $d\sigma' = dx' \cdot dy'$, und das Integral ist über dasjenige Gebiet der (x', y')-Ebene zu erstrecken, für welches die Randwertaufgabe gestellt ist. Um die Greensche Funktion zu berechnen und so die Randwertaufgabe zu lösen, setze man

$$D(u) = D_0(u) + D_1(u),$$

wo
$$D_1(u) = a \frac{\partial u}{\partial x} + b \frac{\partial u}{\partial y} + c u$$

ein linearer Differentialausdruck ist. Nehmen wir nun an, wir kennen die Greensche Funktion G_0 von $D_0(u)$, so haben wir die Lösung von

$$D(\varphi) = f$$

in der Form

$$\varphi = \int G_0 \left(f' - a' \frac{\partial \varphi'}{\partial x'} - b' \frac{\partial \varphi'}{\partial y'} - c' \varphi' \right) d\sigma'$$

Schaffen wir hieraus durch partielle Integrationen die Ableitungen $\frac{\partial \varphi'}{\partial x'}$, $\frac{\partial \varphi'}{\partial y'}$ heraus, so werden wir direkt auf eine Integralgleichung zweiter Art für φ geführt, die wir nach der Fredholmschen Methode behandeln können, wenn ihr Kern nicht zu stark singulär wird.

Bei unserem Probleme der Flutbewegung tritt nun gerade dieser Fall ein; der Kern wird so hoch unendlich, daß die Fredholmschen Methoden versagen; ich will Ihnen jedoch zeigen, in welcher Weise man diese Schwierigkeiten überwinden kann.

Betrachten wir erst den Fall der ersten Grenzbedingung

$$\frac{\partial \varphi}{\partial n} + C \frac{\partial \varphi}{\partial s} = 0,$$

wo C eine gegebene Funktion von x, y ist. Die Differentialgleichung, die sich bei Vernachlässigung von Π ergibt, hat die Form

$$A \Delta \varphi + D_1 = f,$$

und wir stehen daher vor der Aufgabe, die Gleichung

$$\Delta \varphi = F$$

mit unserer Randbedingung zu integrieren.

Diese Aufgabe ist äquivalent mit der, eine im Innern der Randkurve reguläre Potentialfunktion V, die am Rande die Bedingung $\frac{\partial V}{\partial n} + C \frac{\partial V}{\partial s} = 0$ erfüllt, als Potential einer einfachen Randbelegung zu finden. Bezeichnet s die Bogenlänge auf der Randkurve von einem festen Anfangspunkte bis zu einem Punkte P, s' die bis zum Punkte P', so erhält man für V eine Integralgleichung; jedoch wird der Kern $K(s, s')$ derselben für $s = s'$ von der ersten Ordnung unendlich, und es ist daher in dem Integrale

$$\int_A^B K(x, y) f(y) \, dy$$

der sogenannte Cauchysche Hauptwert zu nehmen, der definiert ist als das arithmetische Mittel aus den beiden Werten, die das Integral erhält, wenn ich es in der komplexen y-Ebene unter Umgehung des Punktes $y = x$ das eine mal auf einem Wege AMB oberhalb, das andere mal auf einem Wege $AM'B$ unterhalb der reellen Achse führe.

Anstatt die Methoden zu benutzen, die Kellogg zur Behandlung solcher unstetiger Kerne angibt, will ich einen andern Weg einschlagen. Wir betrachten neben der Operation

$$S(f(x)) = \int K(x, y) f(y)\, dy$$

die iterierte

$$S^2(f(x)) = \iint K(x, z)\, K(z, y) f(y)\, dz\, dy,$$

bei der ebenfalls das Doppelintegral als Cauchyscher Hauptwert zu nehmen ist; dies soll folgendermaßen verstanden werden: wir betrachten für die Variable z die Wege AMB, $AM'B$, für y die Wege APB, $AP'B$, die zueinander liegen mögen, wie in der Figur angedeutet ist.

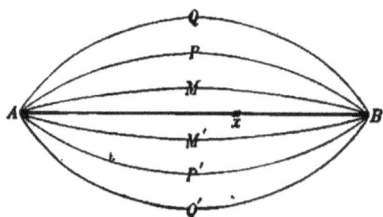

Dann bilden wir die 4 Integrale, die sich ergeben, wenn ich einen Weg für z mit einem für y kombiniere,

$$z : AMB,\quad AM'B,\quad AMB,\quad AM'B$$
$$y : APB,\quad APB,\quad AP'B,\quad AP'B,$$

und nehmen aus diesen 4 Integralen das arithmetische Mittel. Ziehen wir noch 2 Wege AQB, $AQ'B$ wie in der Figur, so sehen wir, daß sich in der ersten Wegkombination der Weg AMB für z ersetzen läßt durch $AQB + AMBQA$, in der zweiten $AM'B$ durch $AQ'B$, in der dritten AMB durch AQB und in der vierten $AM'B$ durch $AQ'B + AM'BQ'A$, sodaß wir jetzt die folgenden Wegkombinationen haben:

z	y
$AQB + AMBQA$	APB
$AQ'B$	APB
AQB	$AP'B$
$AQ'B + AM'BQ'A$	$AP'B$.

Führen wir jetzt die Integrale aus und wenden den Residuenkalkul auf die geschlossenen Wege an, so zeigt sich, daß unsere Operation $S^2(f(x))$, die einer Integralgleichung 1. Art zugehört, übergeht in eine Operation, welche durch die linke Seite einer Integralgleichung 2. Art gegeben ist, deren Kern überall endlich bleibt; wenn wir zuerst die vier Kombinationen von den Wegen AQB und $AQ'B$ mit den Wegen APB und $AP'B$ nehmen, so bekommen wir ein doppeltes Integral, welches nicht unendlich werden kann, da auf diesen Wegen $x + y$ und $y + z$. Betrachten wir jetzt die beiden Wegkombinationen $AMBQA$, APB und $AM'BQ'A$, $AP'B$, oder $AMBQA$, APB

und $AQ'BM'A$, $BP'A$, so ist leicht zu sehen, daß z eine geschlossene Kurve $AMBQA$ oder $AQ'BM'A$ um y beschreibt, und daß gleichzeitig y eine geschlossene Kurve $APBP'A$ um x beschreibt. Wir dürfen also die Residuenmethode anwenden, und wir bekommen ein Glied, wo die unbekannte Funktion ohne Integralzeichen auftritt, wie in der linken Seite einer Integralgleichung zweiter Art. Indem wir so auf eine durchaus reguläre Integralgleichung 2. Art geführt werden, die der Fredholmschen Methode zugänglich ist, haben wir die Schwierigkeit bei unserem Problem überwunden.

Nur ein Punkt bedarf noch der Erläuterung: wenn x und y gleichzeitig in einen der Endpunkte A, B des Intervalles hineinfallen, so versagen zunächst die obigen Betrachtungen, und es scheint, als wären wir für diese Stellen der Endlichkeit unseres durch Iteration gewonnenen Kernes nicht sicher. Dieses Bedenken wird jedoch bei unserm Problem dadurch beseitigt, daß der Rand des Meeres, der das Integrationsintervall darstellt, geschlossen ist, woraus sich ergibt, daß die Punkte A, B keine Ausnahmestellung einnehmen können.

Durch diese Überlegungen ist also der Fall der vertikalen Meeresufer erledigt.

Wir betrachten den zweiten und schwierigeren Fall, daß das Ufer des Meeres keine vertikale Mauer ist. Dann ist am Rande

$$h = h_1 = h_2 = 0.$$

Da die Glieder 2. Ordnung unserer Differentialgleichung für φ durch den Ausdruck

$$h_1 \Delta \varphi$$

gegeben sind, so ist die Randkurve jetzt eine singuläre Linie für die Differentialgleichung. Außerdem werden h_1, h_2 gemäß ihrer Definition für die durch die Gleichung

$$4\omega^2 \cos^2 \vartheta = \lambda^2$$

gegebene *kritische geographische Breite* ϑ unendlich. Um trotz dieser Singularitäten, welche das Unendlichwerden des Kerns K zur Folge haben, das Problem durchzuführen, bin ich gezwungen gewesen, das reelle Integrationsgebiet durch ein komplexes zu ersetzen, indem ich y in eine komplexe Veränderliche $y + iz$ verwandle; x hingegen bleibt reell.

Wir deuten xyz als gewöhnliche rechtwinklige Koordinaten in einem dreidimensionalen Raum und zeichnen den Durchschnitt AB einer Ebene $x =$ konst. mit dem in der (x,y)-Ebene gelegenen Meeresbecken. Entspricht C der kritischen geographischen Breite, so ist es nicht schwer, diese Singularität durch Ausweichen in das komplexe Gebiet zu umgehen. Wählen wir ferner irgend zwei Punkte D, E

zwischen A und B und umgeben A, von D ausgehend und dorthin zurückkehrend, mit einer kleinen Kurve und verfahren entsprechend bei B — räumlich gesprochen: umgeben wir die Randkurve mit einem ringförmigen Futteral —, so stellen wir uns jetzt das Problem, unsere Differentialgleichung so zu integrieren, daß φ, wenn wir seine Wertänderung längs der den Punkt A umgebenden Kurve verfolgen, mit demselben Wert nach D zurückkehrt,

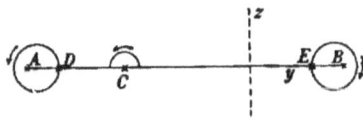

mit dem es von dort ausging. Diese „veränderte" Grenzbedingung ist mit der ursprünglichen, welche verlangte, daß φ am Rande (im Punkte A) endlich bleibt und sich regulär verhält, äquivalent. Zwar sind die zu der neuen und der alten Grenzbedingung gehörigen Greenschen Funktionen G, G_1 nicht identisch, wohl aber die den betreffenden Randbedingungen unterworfenen Lösungen von

(1) $$D(u) = f.$$

Hiervon überzeugen wir uns leichter im Falle nur *einer* Variablen y; dann ergeben die Gleichungen

$$u = \int G(y, y') f(y') \, dy', \qquad u_1 = \int G_1(y, y') f(y') \, dy'$$

durch Anwendung des Cauchyschen Integralsatzes, daß $u - u_1 = 0$ ist.

Um jetzt das Problem (1) zu behandeln, ziehe ich die vorige Methode heran, die hier aber in zwei Stufen zur Anwendung kommt, da unsere veränderte Randbedingung für die Gleichung $\Delta u = f$ unzulässig ist.[1]) Wir können setzen

$$D(u) = \Delta(h_1 u) + D_1(u) + D_2(u);$$

dabei soll $D_1(u)$ nur die Glieder 1. Ordnung $\frac{\partial u}{\partial x}$, $\frac{\partial u}{\partial y}$, $D_2(u)$ aber nur u selbst enthalten. Indem wir

$$\Delta(v) = f$$

unter der Randbedingung $v = 0$ integrieren, erhalten wir für $u = \frac{v}{h_1}$ eine am Rande endliche und reguläre Funktion, für welche

$$\Delta(h_1 u) \equiv D_0(u) = f$$

ist. Darauf integrieren wir

$$D_0(u) + D_2(u) = f$$

unter Zugrundelegung der ursprünglichen Grenzbedingung nach der gewöhnlichen Methode. Der in der hierbei zu benutzenden Integral-

---

1) Diese Randbedingung ist nicht von solcher Art, daß sie eine bestimmte Lösung von $\Delta(u) = f$ auszeichnet.

gleichung auftretende Kern ist zwar unendlich, aber von solcher Ordnung, daß sich die Singularität durch Iteration des Kerns beseitigen
läßt: die partielle Integration, welche Glieder von einer zu hohen
Ordnung des Unendlichwerdens einführen würde, bleibt uns an dieser
Stelle erspart.

Das damit bewältigte Integrationsproblem ist aber der Integration von

$$D_0(u) + D_2(u) = f$$

unter der veränderten Grenzbedingung äquivalent, und infolgedessen
können wir jetzt die zweite Stufe ersteigen und auch die Lösung von

$$D(u) \equiv (D_0(u) + D_2(u)) + D_1(u) = f$$

unter der veränderten Grenzbedingung bestimmen.

Wir haben bis jetzt das Glied Π als so klein vorausgesetzt,
daß wir es ganz vernachlässigen durften. Heben wir diese Voraussetzung auf, so entstehen keine wesentlichen neuen Schwierigkeiten.
Π ist ein von ζ erzeugtes Anziehungspotential; wir haben also

$$\Pi = \int \frac{\zeta \, d\sigma'}{r},$$

wenn $d\sigma'$ ein Flächenelement der Kugel, ζ den Wert der Funktion ζ
im Schwerpunkt (x', y') dieses Flächenelementes, r aber die räumlich
gemessene Entfernung der beiden Kugelpunkte (x, y); (x', y') bedeutet,
und die Integration über die ganze Kugeloberfläche erstreckt wird.
Wir können auch schreiben

$$\Pi = \int \frac{\zeta \, dx' \, dy'}{k^2 r}.$$

Setzen wir dies in unsere Ausgangsgleichungen ein, von denen wir
noch die erste mittels Aufstellung der zugehörigen Greenschen Funktion und unter Berücksichtigung der Randbedingung aus einer
Differential- in eine Integralgleichung verwandeln, so erhalten wir
zwei simultane Integralgleichungen für ζ und φ, die mit Hilfe der
soeben erörterten Methoden aufgelöst werden können.

DRITTER VORTRAG

ANWENDUNG DER INTEGRALGLEICHUNGEN AUF HERTZSCHE WELLEN

Ich will heute über eine Anwendung der Integralgleichungen auf Hertzsche Wellen vortragen und insbesondere die äußerst merkwürdigen Beugungserscheinungen behandeln, welche bei der drahtlosen Telegraphie eine so wichtige Rolle spielen; ist es doch eine wunderbare Tatsache, daß die Krümmung der Erdoberfläche, welche eine Fortpflanzung des Lichtes verhindert, für die Ausbreitung der Hertzschen Wellen kein Hindernis darstellt, daß dieselben vielmehr auf der Erdoberfläche von Europa bis Amerika zu laufen vermögen. Der Umstand, daß die Hertzschen Wellen eine viel größere Länge haben als die Lichtwellen, kann allein diese Erscheinung noch nicht erklären. Eine solche Erklärung ergibt sich vielmehr erst durch Betrachtung der Differentialgleichungen des Problems.

Setzen wir die Lichtgeschwindigkeit gleich 1, und verstehen wir mit Maxwell

unter α, β, γ die Komponenten der magnetischen Kraft,

unter F, G, H die Komponenten des Vektorpotentiales,

unter f, g, h die Komponenten der elektrischen Verschiebung,

unter ψ das skalare Potential,

unter u, v, w die Komponenten des Konduktionsstromes,

unter ϱ die Dichte der Elektrizität,

so gelten die Gleichungen

$$\alpha = \frac{\partial H}{\partial y} - \frac{\partial G}{\partial x}$$

$$4\pi f = -\frac{\partial F}{\partial t} - \frac{\partial \psi}{\partial x}$$

$$4\pi\left(\mu + \frac{\partial f}{\partial t}\right) = \frac{\partial \gamma}{\partial y} - \frac{\partial \beta}{\partial z}$$

$$\sum \frac{\partial f}{\partial x} = \frac{\partial f}{\partial x} + \frac{\partial g}{\partial y} + \frac{\partial h}{\partial z} = \varrho,$$

$$\sum \frac{\partial F}{\partial x} + \frac{\partial \psi}{\partial t} = 0,$$

und es folgt

$$4\pi \ \mu = \frac{\partial^2 F}{\partial t^2} - \Delta F,$$

$$4\pi \cdot \varrho = \frac{\partial^2 \psi}{\partial t^2} - \Delta \psi.$$

Wir betrachten nun eine gedämpfte synchrone Schwingung, indem wir annehmen, daß alle unsere Funktionen proportional sind mit der Exponentialgröße

$$e^{i\omega t}.$$

Aus den so zustande kommenden komplexen Lösungen erhalten wir die physikalischen durch Trennung in reellen und imaginären Bestandteil. Der reelle Teil von ω gibt die Schwingungsperiode, der imaginäre die Dämpfung.

Aus unserem Ansatz folgt

$$\frac{\partial F}{\partial t} = i\omega \cdot F,$$

$$\frac{\partial \psi}{\partial t} = i\omega \cdot \psi,$$

und man kann daher F und ψ als retardierte Potentiale darstellen wie folgt:

$$F = \int \mu' \frac{e^{-i\omega r}}{r} \, d\tau',$$

$$\psi = \int \varrho' \frac{e^{-i\omega r}}{r} \, d\tau';$$

$d\tau'$ ist das Raumelement im (x', y', z')-Raume, μ', ϱ' die Werte von μ, ϱ im Punkte (x', y', z'), r die Entfernung der Punkte (x', y', z') und (x, y, z).

In den meisten Problemen treten zwei verschiedene Medien auf, der freie Äther und die leitenden Körper; von den letzteren wollen wir annehmen, daß sie sich wie vollkommene Leiter verhalten, daß also in ihrem Innern das Feld verschwindet, die elektrischen Kraftlinien auf ihrer Oberfläche normal stehen, während die magnetischen in dieselbe hineinfallen; dem Umstande, daß Ladung und Strömung nur an der Oberfläche des Leiters vorhanden ist, wollen wir dadurch entsprechen, daß wir die obigen Ausdrücke für F und ψ modifizieren, indem wir an Stelle der Raumintegrale Oberflächenintegrale einführen. Wir schreiben

$$\psi = \int \varrho'' \frac{e^{-i\omega r}}{r} \, d\sigma',$$

$$F = \int \mu'' \frac{e^{-i\omega r}}{r} \, d\sigma',$$

wo ϱ'', μ'' jetzt die Flächendichte der Ladung bzw. Strömung bedeuten und $d\sigma'$ das Flächenelement ist.

Wir unterscheiden gewöhnlich zwei leitende Körper, der eine soll der äußere, der andere der innere Leiter heißen; sie erzeugen das „äußere" resp. das „innere" Feld; das äußere Feld ist gegeben, das innere gesucht. So ist z. B., wenn wir das Problem des Empfanges elektrischer Wellen betrachten, der Sender der äußere, der Empfangsapparat der innere Leiter; beim Probleme der Beugung elektrischer Wellen ist der Erreger der äußere, die Erdkugel der innere Leiter; bei dem Probleme der Schwingungserzeugung haben wir kein äußeres Feld, der Erreger wird dann als innerer Leiter anzusehen sein.

Um nun zum Ansatz einer Integralgleichung zu gelangen, wollen wir unter den oben erklärten Funktionen nur die zum unbekannten inneren Felde gehörigen verstehen, sodaß z. B. die obigen Integrale nur über die Oberfläche des inneren Leiters zu erstrecken sind; beachten wir nun, daß die innere Normalkomponente des elektrischen Vektors am inneren Leiter unserer obigen Annahme zufolge verschwinden muß, so folgt, wenn l, m, n die Richtungskosinus der Normale bedeuten, aus unseren Ausgangs-Gleichungen:

$$4\pi f = \frac{\partial \psi}{\partial n} + i\omega\,(lF + mG + nH) = N,$$

wo N die Normalkomponente des äußeren Feldes, also eine bekannte Funktion ist.

Bezeichnen wir jetzt die Flächendichte statt mit ϱ'' mit μ', so wird zufolge unseres Ausdruckes für ψ

$$\frac{\partial \psi}{\partial n} = 2\pi\mu + \int \mu' \frac{\partial}{\partial n}\left(\frac{e^{-i\omega r}}{r}\right) d\sigma'$$

Benutzen wir ferner unseren Ausdruck für F und die entsprechenden für G und H, so hat man

$$i\omega \sum lF = \int \frac{e^{-i\omega r}}{r}\, i\omega \sum l\mu'' d\sigma'.$$

Diesen Ausdruck kann man nun in gewissen Fällen durch partielle Integrationen auf die Form

$$-i\omega \int L\mu' d\sigma'$$

bringen, wobei L eine bekannte Funktion ist. So haben wir schließlich

$$2\pi\mu + \int \mu' \left\{ \frac{\partial}{\partial n}\left(\frac{e^{-i\omega r}}{r}\right) - i\omega L \right\} d\sigma' = N,$$

und dies ist die Integralgleichung 2. Art für μ, auf die wir hinstrebten. Im allgemeinsten Falle bekommt man zwei Integralgleichungen mit zwei Unbekannten, welche z. B. μ und ν sein mögen, wo μ das oben definierte ist; wir setzen $\nu = \dfrac{dN}{dn}$, wo $\dfrac{d}{dn}$ die Ableitung in der Normalrichtung bezeichnet und N die Normalkomponente der magnetischen Kraft ist.

Die Funktion L läßt sich dann besonders einfach bilden, wenn der innere Leiter ein Rotationskörper ist und das äußere Feld Rotationssymmetrie besitzt. Ist s, s' die Bogenlänge, gemessen vom Endpunkte der Rotationsachse auf einem Meridian bis zu den Punkten P, P', ist ferner ϑ der Winkel zwischen der Normale in P und der Meridiantangente in P', so wird L als Funktion von ϑ, s, s' definiert durch die Differentialgleichung

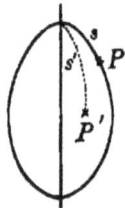

$$\frac{\partial L}{\partial s'} = \frac{e^{-i\omega r}}{r} \cos \vartheta.$$

Das Problem des Empfanges elektrischer Wellen läßt sich auf Grund der obigen Integralgleichung 2. Art behandeln.

Wollen wir nur das Problem der Erzeugung elektrischer Wellen betrachten, so haben wir das äußere Feld gleich Null zu setzen, es wird also $N = 0$, und wir haben eine homogene Integralgleichung vor uns; in ihr darf jedoch ω nicht mehr einen willkürlichen Parameterwert bedeuten, sondern ist eine zu bestimmende Zahl, die die Rolle der Eigenwerte spielt.

Ich schreibe unsere Integralgleichung in der Form

$$2\pi\mu + \int K\mu' d\sigma' = N$$

mit dem Kerne K; ich führe einen unbestimmten Parameter λ ein und betrachte die allgemeine Gleichung

$$2\pi\mu + \lambda \int K\mu' d\sigma' = N.$$

Das erste Glied hängt von zwei Unbestimmten λ und ω ab. Wenn man die gewöhnliche Fredholmsche Methode anwendet, so erhält man die Lösung unserer obigen Integralgleichung in Gestalt einer meromorphen Funktion von λ, deren Nenner eine ganze Funktion von λ ist. Man kann nun zeigen, daß dieser Nenner auch eine ganze Funktion von ω wird, sodaß also auch hier unsere ausgezeichneten Werte ω sich als Nullstellen einer ganzen transzendenten Funktion ergeben.

Wir wollen aber jetzt das größere Problem der Beugung ausführlicher behandeln.

Nehmen wir zu diesem Ende an, daß der innere Leiter eine Kugel, die Erdkugel, vom Radius ϱ ist und das äußere Feld (dessen normale Komponente N bedeutet) von einem punktförmigen Erreger S herrührt, dessen Entfernung D vom Mittelpunkt O der Erde nur sehr wenig größer ist als der Radius ϱ. Wir wählen die Richtung OS zur z-Achse und bezeichnen die Abweichung der Richtung OM, in der M einen variabeln Punkt der Kugeloberfläche bedeutet, von OS mit φ. Die Bedeutung von ϑ, ξ, φ'; r, r' ist aus der Figur ersichtlich:

$$OM = OM' = OM_1 = \varrho,$$
$$OS = D,$$
$$SM = r,$$
$$SM' = r'$$

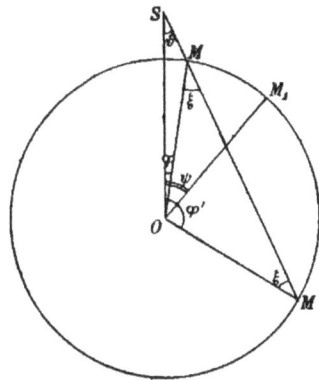

Der Wert der normalen Ableitung N des äußeren Feldes berechnet sich im Punkte M, wie leicht zu sehen, nach der Formel

$$4\pi N = e^{i\omega(t-r)}\left[\frac{i\omega}{r}\sin\vartheta\,\sin\xi + \left(\frac{1}{r^2} + \frac{1}{i\omega r^3}\right)\cdot(\sin\vartheta\,\sin\xi + 2\cos\vartheta\,\cos\xi)\right].$$

Da ω eine sehr große Zahl ist — denn die Länge der Hertzschen Wellen ist klein gegenüber dem Radius der Erde — genügt es meistens, in dieser Formel nur das erste Glied, das in der eckigen Klammer auftritt, beizubehalten.

Im vorhergehenden haben wir die Gleichung der Hertzschen Wellen auf die Form

$$2\pi\mu = \int\mu' K d\sigma' + N$$

gebracht und haben gezeigt, wie der Kern K berechnet werden kann. Entwickeln wir jetzt N und K nach Kugelfunktionen oder vielmehr, da unser Problem die Symmetrie eines Rotationskörpers mit der Achse OS besitzt, nach Legendreschen Polynomen P_n, so gewinnen wir aus dieser Integralgleichung die elektrische Flächendichte μ gleichfalls unter der Form einer nach den Funktionen P_n fortschreitenden Reihe. Es gilt zunächst

$$N = \sum K_n P_n; \qquad \int_0^\pi P_n N \sin\varphi\, d\varphi = \frac{2K_n}{2n+1}.$$

K_n ist von der Form

$$\frac{A_n J_n(\omega\varrho)}{\varrho^2},$$

wo A_n eine nur von n, nicht aber von ϱ abhängige Zahl ist, und J_n eine mit der Besselschen verwandte Funktion bedeutet.

Wir verstehen nämlich unter $J_n(x)$ die in der Umgebung von $x = 0$ holomorphe Lösung der Gleichung

$$\frac{d^2y}{dx^2} + y\left(1 - \frac{n(n+1)}{x^2}\right) = 0,$$

und $I_n(x)$ sei dasjenige Integral derselben Gleichung, welches sich für große positive Werte von x angenähert wie e^{-ix} verhält. Da J_n, I_n von einander unabhängig sind, können wir außerdem dafür sorgen, daß

$$I_n' J_n - J_n' I_n = 1$$

ist, wenn unter J_n', I_n' die Ableitungen von J_n, I_n verstanden werden. Die Lösung unserer Integralgleichung lautet jetzt

$$\mu = A \sum' \frac{K_n P_n(\cos\varphi)}{I_n'(\omega\varrho) J_n(\omega\varrho)}.$$

Da aber auch der Ausdruck von K_n im Zähler $J_n(\omega\varrho)$ als Faktor enthält, und sich infolgedessen dieser Term $J_n(\omega\varrho)$ heraushebt, ist

$$I_n'(\omega\varrho) = 0$$

die für die *Eigenschwingungen* charakteristische Gleichung.

Um zu übersichtlichen Resultaten zu gelangen, benutzen wir angenäherte Formeln. Diese beruhen darauf, daß ω sehr groß, andererseits aber $\dfrac{D}{\varrho} - 1$ sehr klein ist. Wir stützen uns auf die folgende Näherungsformel

$$\int \eta\, e^{i\omega\theta}\, dx = \eta\, e^{i\theta} \sqrt{\frac{2\pi}{\omega\theta''}}\, e^{\pm\frac{i\pi}{4}},$$

θ, η sind gegebene Funktionen von x, ω eine sehr große Zahl. θ'' bedeutet die zweite Ableitung von θ, und auf der rechten Seite ist als Argument ein solcher Wert einzusetzen, für den θ ein Maximum oder Minimum besitzt; je nachdem der eine oder der andere Fall vorliegt, ist in dem Faktor $e^{\pm\frac{i\pi}{4}}$ das Zeichen $+$ oder das Zeichen $-$ zu nehmen. Hat θ in dem Intervall, über welches zu integrieren ist, mehrere Maxima oder Minima, so ist der Ausdruck rechts durch eine Summe analog gebildeter Terme zu ersetzen.

Durch Anwendung dieser Formel bekommen wir für die Legendreschen Polynome $P_n(\cos\varphi)$ die folgenden, für große n gültigen angenäherten Ausdrücke:

$$P_n = 2 \sqrt{\frac{2\pi}{n\sin\varphi}} \cdot \cos\left(n\varphi + \frac{\varphi}{2} - \frac{\pi}{4}\right).$$

Aus ihnen folgt für die K_n, falls $n < \omega\varrho$,

$$K_n = \frac{2n+1}{8r\sqrt{n}}\left[e^{i\alpha} + e^{i\alpha'}\right] \frac{i\omega \sin\vartheta \sin\xi}{\sqrt{D\varrho \cos\vartheta \cos\xi}} \sqrt{\frac{\sin\vartheta}{\omega\varrho}}.$$

Dabei ist

$$\alpha = n\varphi - \omega r + \frac{\varphi}{2} - \frac{\pi}{2},$$

$$\alpha' = n\varphi' - \omega r' + \frac{\varphi'}{2}$$

gesetzt, und für ξ, ϑ, φ, φ', r, r' sind die aus der Figur zu entnehmenden Werte einzusetzen, für welche

$$\sin \xi = \frac{n}{\omega \varrho} \qquad \left(\xi < \frac{\pi}{2} \right)$$

wird. Die gleiche Näherungsformel gilt auch für $n > \omega \varrho$, falls in der eckigen Klammer $e^{i\alpha} + e^{i\alpha'}$ durch $e^{i\alpha}$ oder $e^{i\alpha'}$ ersetzt wird; die Diskussion darüber, welches der beiden Glieder beizubehalten ist, will ich hier nicht geben.

Auch um $I_n' J_n$ angenähert zu berechnen, müssen wir die beiden Fälle $n < \omega \varrho$ und $n > \omega \varrho$ unterscheiden. Im ersten Falle ist

$$I_n' J_n = e^{i \frac{\alpha - \alpha'}{2}} \cdot \cos \frac{\alpha - \alpha'}{2},$$

im zweiten

$$I_n' J_n = \tfrac{1}{2}$$

zu setzen. Daraus ergibt sich, daß sowohl für $n < \omega \varrho$ als auch für $n > \omega \varrho$ und große n

$$\frac{K_n}{I_n' J_n} = \frac{\sqrt{n}}{2r} e^{i\alpha} \frac{i \sqrt{\omega} \sin \xi \, (\sin \vartheta)^{1/2}}{\varrho \sqrt{D} \cos \vartheta \cos \xi} \; ^{1)}$$

gilt. In der Summe, durch welche wir μ dargestellt haben, geben demnach diejenigen Glieder, für welche nahezu $n = \omega$ ist, den Ausschlag. Für diese gilt näherungsweise

$$\xi = \frac{\pi}{2} \quad \text{und} \quad r = \sqrt{2 \varrho D}.$$

Da ferner wegen der Kleinheit von $\dfrac{D}{\varrho} - 1$ der Winkel φ immer nahezu $= 0$ bleibt, variiert α als Funktion von n nur sehr wenig, wenn n auf die dem Werte $n = \omega$ benachbarten ganzen Zahlen beschränkt wird. Wir dürfen also, wenn wir noch die Längeneinheit so gewählt denken, daß $\varrho = 1$ ist, schreiben

$$\mu = C \sum \frac{\sqrt{\omega} \sin \xi \, (\sin \vartheta)^{3/2}}{\sqrt{\cos \vartheta \cos \xi}} \cdot \frac{1}{\sqrt{\sin \psi}} \left(\cos n\psi + \frac{\psi}{2} - \frac{\pi}{4} \right).$$

Dabei ist μ der Wert der elektrischen Oberflächendichte im Punkte M_1 (s. die Figur).

Aus

$$\sin \xi = \frac{n}{\omega}, \quad \sin \vartheta = \frac{n}{\omega D}; \quad \cos \xi = \sqrt{1 - \frac{n^2}{\omega^2}}, \quad \cos \vartheta = \sqrt{1 - \frac{n^2}{D^2 \omega^2}}$$

---

1) Der Ausdruck von μ kann auch auf eine einfachere Form zurückgeführt werden, nämlich

$$\mu = \frac{-i}{4 \pi \omega^2 \varrho^2 D^2} \sum n(n+1)(2n+1) \frac{I_n(\omega D)}{I_n'(\omega \varrho)} P_n(\cos \varphi)$$

und diese Formel ist nicht eine angenäherte, sondern eine strenge.

bekommen wir

$$\frac{\sin \xi \, (\sin \vartheta)^{3/2}}{\sqrt{\cos \vartheta \cos \xi}} = \frac{\frac{n}{\omega} \cdot \left(\frac{n}{\omega D}\right)^{3/2} \sqrt{D}}{\sqrt[4]{\left(1 + \frac{n}{\omega}\right)\left(1 + \frac{n}{D\omega}\right)}} \cdot \frac{\sqrt{\omega}}{\sqrt[4]{\omega - n} \cdot \sqrt[4]{\omega (D-1)}} \cdot \frac{1}{\sqrt[4]{1 + \frac{\omega - n}{\omega (D-1)}}} \cdot$$

sodaß in der Nähe von $n = \omega$ der linke Ausdruck von derselben
Größenordnung ist wie

$$\frac{\sqrt[4]{\omega}}{\sqrt[4]{D-1}} \cdot \frac{1}{\sqrt[4]{n - \omega}} \cdot$$

Führen wir diese Annäherung in unsere Formel für μ ein und ersetzen
$\cos\left(n \psi + \frac{\psi}{2} - \frac{\pi}{4}\right)$ zunächst durch $e^{i\left(n \psi + \frac{\psi}{2} - \frac{\pi}{4}\right)}$, so kommen wir auf
die Reihe

$$\frac{\omega^{3/4} e^{i\left(\frac{\psi}{2} - \frac{\pi}{4}\right)}}{\sqrt{\sin \psi} \cdot \sqrt[4]{D-1}} \cdot \sum_{(n)} \frac{e^{i n \psi}}{\sqrt[4]{n - \omega}} \cdot$$

Schreiben wir

$$S = \sum_{(n)} \frac{e^{i n \psi}}{\sqrt[4]{n - \omega}},$$

so können wir

$$\int_{\nu}^{\nu + 1} S e^{-i \omega \psi} \, d\omega \qquad (\nu \text{ ganzzahlig})$$

als einen Mittelwert der Reihe S betrachten, und ich will S durch
diesen Mittelwert ersetzen. Ein solches Verfahren ist gewiß berech-
tigt, wenn es uns nur daran liegt, die Größenordnung von S fest-
zustellen, umsomehr als in Wirklichkeit von einer Antenne nicht bloß
Schwingungen einer einzigen Wellenlänge, sondern ein ganzes kon-
tinuierliches Spektrum von Schwingungen ausgeht. Wir erhalten

$$\int_{\nu}^{\nu + 1} S e^{-i \omega \psi} \, d\omega = \sum_{(n)} \int_{\nu}^{\nu + 1} \frac{e^{i(n - \omega)\psi}}{\sqrt[4]{n - \omega}} \, d\omega$$

$$= -\int_{-\omega}^{\infty} \frac{e^{i q \psi}}{\sqrt[4]{q}} \, dq,$$

und da ω sehr groß ist, wird dieses Integral mit $\int_{-\infty}^{+\infty} \frac{e^{i q \psi}}{\sqrt[4]{q}} \, dq$ im wesentlichen übereinstimmen.

Auf ähnliche Weise zeigt man, daß der Mittelwert von

$$\sum \frac{e^{-in\psi}}{\sqrt{n-\omega}}$$

gegen den von S zu vernachlässigen ist.   Damit gewinnen wir das Resultat, daß

$$\mu \text{ von der Größenordnung } \frac{\sqrt{\omega^3}}{\sqrt{D-1}}$$

und also

$$\frac{\mu}{N} \quad \text{''} \quad \text{''} \quad \frac{1}{\sqrt{\omega(D-1)}}$$

ist. Die Beugung ist daher um so größer, je näher die Quelle S der Erdoberfläche gelegen ist und je länger die entsendeten Wellen sind. Auf diese Weise wird die zunächst staunenerregende Tatsache verständlich, daß es mit Hilfe der in der drahtlosen Telegraphie verwendeten Hertzschen Wellen gelingt, vom europäischen Kontinent z. B. bis nach Amerika zu telegraphieren.

Wenn man nicht den mittleren Wert der Reihe betrachten will, welcher von einem Integral dargestellt wird, sondern den wirklichen Wert dieser Reihe, so hat man eine Diskussion durchzuführen, welche auf einem wohlbekannten Abelschen Satz beruht, und deren Resultate etwas komplizierter, aber sonst ganz ähnlich den vorliegenden sind.

Note. Je me suis aperçu que les dernières conclusions doivent être modifiées. Les formules approchées dont j'ai fait usage ne sont plus vraies lorsque n est très voisin de $\omega \varrho$. Elles doivent être alors remplacées par d'autres, où figure une transcendante entière satisfaisant à l'équation différentielle

$$y'' = xy.$$

Mais les termes qui doivent être ainsi modifiés sont en petit nombre et j'avais cru d'abord que le résultat final n'en serait pas modifié. Un examen plus approfondi m'a montré qu'il n'en est rien. La somme des termes modifiés est comparable à celle des autres termes dont j'avais tenu compte et qui est donnée par la formule précédente; il en résulte une compensation presque complète de sorte que la valeur de μ donnée par les formules définitives est notablement plus petite que celle qui résulterait des formules précédentes.

ÜBER DIE

REDUKTION DER ABELSCHEN INTEGRALE

UND DIE

THEORIE DER FUCHSSCHEN FUNKTIONEN

Meine Herren! Ich habe die Absicht, Ihnen heute über die Reduktion der Abelschen Integrale im Zusammenhang mit der Theorie der automorphen und insbesondere der Fuchsschen Funktionen vorzutragen.

Ein System von Abelschen Funktionen von p Variabeln und $2p$ Perioden heißt *reduzibel*, wenn es sich auf ein System von q Variabeln und $2q$ Perioden $(q < p)$ zurückführen läßt. Hierbei ist es von vornherein von Wichtigkeit, zwei Fälle zu unterscheiden:

Im *ersten* Falle soll es möglich sein, das System S Abelscher Funktionen von p Variabeln durch eine *algebraische Kurve C* vom Geschlechte p zu erzeugen. Ebenso soll das System S' von q Variabeln aus der Theorie eines algebraischen Gebildes vom Geschlechte q entspringen.

Dieser unser erste Fall ist aber bekanntlich nicht der allgemeine; denn die Kurve C hängt nur von $3p - 3$ Konstanten ab, während die allgemeinen Abelschen Funktionen von p Variabeln $\dfrac{p\,(p+1)}{2}$ Parameter enthalten. Dadurch ist der *zweite* der beiden Fälle gegeben, die wir unterscheiden. In diesem Falle nämlich soll mindestens eines der beiden Systeme S, S' nicht aus der Theorie der algebraischen Gebilde entspringen.

In meinem heutigen Vortrag will ich mich durchaus auf den erstgenannten Fall beschränken. Aber auch dann muß ich noch zwei Fälle unterscheiden. Wir knüpfen nämlich unsere Betrachtungen an die beiden algebraischen Kurven C und C' an. Im Falle der Reduzibilität besteht zwischen beiden eine algebraische *Korrespondenz*. Die Beschaffenheit derselben liegt der in Aussicht gestellten Fallunterscheidung zugrunde.

Der erste Fall ist der folgende. Vermöge der Korrespondenz ist jedem Punkte M von C ein und nur ein Punkt M' von C' zugeordnet, während umgekehrt jedem Punkte von C' n Punkte von C entsprechen. Ich nenne dann n die *charakteristische Zahl* der Korrespondenz und sage, C ist eine *vielfache Kurve* von C'.

Der eben genannte erste Fall ist aber nicht der allgemeine. Das ist vielmehr der nun folgende zweite. Hier nämlich besteht die Korrespondenz nicht zwischen einzelnen Punkten M und M', sondern zwischen Systemen von Punkten $M_1, \ldots, M_\nu$ von C mit den Koordinaten $x_1, y_1; \ldots; x_\nu, y_\nu$ und $M_1', \ldots, M_\nu'$ von C' mit den Koordinaten

3*

$x_1', y_1'; \quad .; x_\nu', y_\nu'$. Jedem System auf C soll dabei ein und nur ein System auf C' entsprechen, während umgekehrt einem System auf C' im allgemeinen mehrere Systeme auf C zugeordnet sind. Ich sage dann, C ist eine *pseudovielfache Kurve* von C'

Im erstgenannten Falle sind x' und y' rationale Funktionen von x und y, während im zweiten nur geschlossen werden kann, daß jede rationale und symmetrische Funktion der $(x_1' y_1', \ldots, x_\nu' y_\nu')$ eine rationale Funktion der $(x_1 y_1, \ldots, x_\nu y_\nu)$ ist. Es ist leicht zu sehen, daß jede Kurve C, die eine vielfache von C' ist, auch eine pseudovielfache der Kurve C' ist. Umgekehrt aber habe ich mehrere Beispiele bilden können dafür, daß nicht jede pseudovielfache Kurve von C' auch eine vielfache von C' ist. Ich will jedoch hier nicht näher darauf eingehen, zumal da sich meine folgenden Darlegungen durchaus an den ersten Fall anschließen werden.

Im Falle der Reduzibilität unserer Integrale ist es möglich, ihre Periodentabelle auf eine besondere *Normalform* zu bringen. Die folgenden beiden Beispiele mögen eine Anschauung von der Beschaffenheit derselben geben.

1) $q = 1; \; p = 3$. Die Periodentabelle kann auf die folgende Form gebracht werden:

$$
\begin{array}{cccccc}
2i\pi & 0 & 0 & h & \dfrac{2i\pi}{\alpha} & 0 \\[2ex]
0 & 2i\pi & 0 & \dfrac{2i\pi}{\alpha} & a & b \\[2ex]
0 & 0 & 2i\pi & 0 & b & c.
\end{array}
$$

2) $q = 2; \; p = 4$. Die normierten Perioden sind hier:

$$
\begin{array}{cccccccc}
2i\pi & 0 & 0 & 0 & a & b & 0 & \dfrac{2i\pi}{\alpha} \\[2ex]
0 & 2i\pi & 0 & 0 & b & c & \dfrac{2\pi i}{\alpha\beta} & 0 \\[2ex]
0 & 0 & 2i\pi & 0 & 0 & \dfrac{2\pi i}{\alpha\beta} & a' & b' \\[2ex]
0 & 0 & 0 & 2i\pi & \dfrac{2i\pi}{\alpha} & 0 & b' & c'
\end{array}
$$

Die Zahlen α, β bedeuten in beiden Tabellen ganze rationale Zahlen.

Ich definiere nun noch eine zweite *charakteristische Zahl* $\varkappa$. Sie gibt die Ordnung der Thetafunktion von q Variabeln an, in die eine Thetafunktion erster Ordnung von p Variabeln im Falle der Reduzibilität transformiert werden kann. Im ersten Beispiel ist $\varkappa = \alpha$, im zweiten $\varkappa = \alpha\beta$. *Die beiden charakteristischen Zahlen n und $\varkappa$ sind nun immer einander gleich.* Ich habe zwei Beweise für diesen Satz gefunden, die ich jetzt in ihren Grundzügen auseinandersetzen will.

Erster Beweis. Seien M und M' zwei Abelsche Integrale erster, zweiter oder dritter Gattung der Kurve C. Ich denke mir die zugehörige Riemannsche Fläche irgendwie längs $2p$ von einem Punkte ausgehenden nichtzerstückenden Rückkehrschnitten kanonisch aufgeschnitten. Dann mögen M und M' die folgenden Perioden besitzen:

$$M : x_1, x_2, \ldots, x_{2p},$$
$$M' : y_1, y_2, \ldots, y_{2p}.$$

Ich muß nun eine charakteristische fundamentale *Bilinearform* definieren. Ich setze nämlich:

$$F(x, y) = \int M \, dM',$$

wo das Integral längs der ganzen Kontur der Zerschneidung erstreckt werden soll. Wenn x, y Normalperioden sind, so nimmt $F(x, y)$ die folgende Form an:

$$F(x, y) = \sum_{1}^{p}{}^\varkappa (x_{2\varkappa-1} y_{2\varkappa} - x_{2\varkappa} y_{2\varkappa-1}).$$

Nehme ich an, es sei M eines der reduziblen Integrale, dann drücken sich seine $2p$ Perioden ganzzahlig und linear durch nur $2q$ Perioden $\omega_1, \ldots, \omega_{2q}$ aus. Ich habe also dann:

$$x_\varkappa = \sum_{1}^{2q}{}^j m_{\varkappa j} \omega_j \qquad (\varkappa = 1, 2, \ldots, 2p),$$

wo die $m_\varkappa$ ganze rationale Zahlen bedeuten. Wenn nun M und M' Integrale erster Gattung sind, dann ist bekanntlich

$$F(x, y) = 0.$$

Wenn man in diese Gleichung die Ausdrücke der x durch die ω einsetzt, so bekommt man eine bilineare Gleichung zwischen den y und ω, die in der folgenden Form geschrieben werden kann:

$$\sum_{1}^{2q}{}^j H_j \omega_j = 0.$$

Seien nun $u_1, \ldots, u_p$ p linear unabhängige Integrale erster Gattung von C. Dann können wir setzen:

$$U = \mu_1 u_1 + \mu_2 u_2 + \cdots + \mu_p u_p$$
$$U' = \mu_1' u_1 + \mu_2' u_2 + \cdots + \mu_p' u_p.$$

Die vorläufig noch unbestimmten Koeffizienten μ' sollen nun so bestimmt werden, daß sie den $2q$ linearen Gleichungen:

$$H_j = 0 \qquad (j = 1, 2, \ldots, 2q)$$

genügen. Wenn man dann noch beachtet, daß diese $2q$ Gleichungen nicht linear unabhängig sind, sondern daß zwischen ihnen q Relationen

$$\sum H_j \omega_j = 0$$

bestehen, so ist leicht zu erkennen, daß auch M_1 reduzierbar ist, und daß, so wie M einer Schar von q reduziblen Integralen angehört, auch M' ein Element einer $(p-q)$fach unendlichen linearen Schar von reduziblen Integralen ist. Doch dies nur nebenbei.

Ich bemerke nun, daß H_j eine lineare Funktion der $y_\varkappa$ ist, sodaß ich schreiben kann:

$$H_j = \sum_{i=1}^{2p} h_{ij} y_i \qquad (j = 1, 2, \ldots, 2q),$$

wo die h_{ij} ganze rationale Zahlen sind. Aus den $m_{i\varkappa}$ und den $h_{i\varkappa}$ kann ich nun zwei Tabellen von je $2q$ Kolonnen und $2p$ Zeilen bilden. Aus beiden kann ich gewisse q-reihige Determinanten bilden. Ich bezeichne die der m mit D und die aus denselben Zeilen der h gebildete mit D'. Dann setze ich

$$J = \sum D D'$$

J ist nun in dem folgenden Sinne eine *invariante* Zahl: Sie bleibt ungeändert, wenn man irgendeines der Periodensysteme x oder ω durch ein äquivalentes ersetzt. Dabei heißen zwei Periodensysteme äquivalent, wenn sie sich ganzzahlig und linear durcheinander ausdrücken lassen. Man kann nun einerseits beweisen, daß

$$J = \varkappa^2,$$

andererseits aber, daß

$$J = n^2.$$

Daraus kann man folgern, daß

$$\varkappa = n.$$

Das ist der erste Beweis. Der nun folgende

Zweite Beweis ist wesentlich kürzer. Er beruht auf dem Vergleich der zu S und S' gehörigen Bilinearformen $F(x,y)$ und $\Phi(\omega, \omega')$. Man hat nämlich einerseits

$$F(x, y) = n\,\Phi(\omega, \omega'),$$

andererseits

$$F(x, y) = \varkappa\,\Phi(\omega, \omega').$$

Daraus schließt man

$$\varkappa = n.$$

Ich komme nun zum *Zusammenhang der Reduktionstheorie mit der Theorie der Fuchsschen Funktionen.*

Bekanntlich definiert jede algebraische Kurve C ein System von Fuchsschen Funktionen. Nun kann man die Tatsache, daß C ein

Vielfaches von C' ist, auch folgendermaßen ausdrücken. Es ist immer auf mannigfache Weise möglich, der Kurve C' eine Grenzkreisgruppe G' und C eine ebensolche Gruppe G zuzuordnen, sodaß G eine *Untergruppe* von G' ist. Ist im besonderen C ein n-faches von C', dann ist G eine Untergruppe vom Index n von G'. Man erhält daher einen Fundamentalbereich von G dadurch, daß man n geeignet gewählte Fundamentalbereiche von G', die durch die Operationen von G' auseinander hervorgehen, aneinander lagert. Das Polygon P von G erscheint dann in n Polygone $P'(\beta)$ eingeteilt, die einem Polygon P' von G' im Sinne der nichteuklidischen Geometrie kongruent sind.

Ich bezeichne die *Seiten* des Polygons P' mit $\gamma(\alpha)$ und die homologen Seiten von $P'(\beta)$ mit $\gamma(\alpha, \beta)$. Die Seiten $\gamma(\alpha, \beta)$ liegen entweder im Innern oder auf dem Rande von P. Ich nehme nun an, die Seite $\gamma(\alpha')$ gehe aus $\gamma(\alpha)$ vermöge einer Operation von G' hervor. Wenn nun $\gamma(\alpha, \beta)$ auf dem Rande von P liegt, dann gibt es eine weitere Seite $\gamma(\alpha', \beta')$ auf diesem Rande, die mit $\gamma(\alpha, \beta)$ vermöge einer Operation von G konjugiert ist. Wenn jedoch $\gamma(\alpha, \beta)$ im Innern von P liegt, so existiert eine derartige von $\gamma(\alpha, \beta)$ verschiedene Seite nicht, sondern es fallen $\gamma(\alpha, \beta)$ und $\gamma(\alpha', \beta')$ zusammen und bilden die gemeinsame Seite von $P'(\beta)$ und $P'(\beta')$. Aber wie dem auch sei, jedenfalls entspricht jeder Seite $\gamma(\alpha)$ von P' eine Permutation der n Ziffern 1, 2, ..., n.

Eine der eben durchgeführten ganz ähnliche Betrachtung können wir auch für die *Ecken* von P' anstellen. So wie wir nämlich die Seiten in Paare zusammenfaßten, so können wir die Ecken in Zyklen einteilen, so daß die Ecken eines Zyklus auseinander durch die Operationen von G' hervorgehen. Jedem solchen Zyklus kann wieder eine bestimmte Vertauschung der n Ziffern 1, 2, ..., n zugeordnet werden, die sich aus den den Seiten zugeordneten gewinnen läßt. Ich nehme nun an, es habe P $2N$ Seiten und Q Eckenzyklen. $2N'$ und Q' sollen die gleiche Bedeutung für P' haben. Die einem Eckenzyklus von P' entsprechende Permutation läßt sich in zyklische Permutationen zerlegen. Bei allen Eckenzyklen mögen dabei im ganzen λ_i zyklische Permutationen von gerade i Ziffern vorkommen. Dann bestehen die folgenden Relationen:

$$2p = N - Q + 1,$$
$$2q = N' - Q' + 1,$$
$$Q + 2p - 2 = n(Q' + 2q - 2),$$
$$n(Q' - Q) = 2(p-1) - 2n(q-1),$$
$$\sum \lambda_i = Q,$$
$$\sum i\lambda_i = nQ'$$

Die bisher gegebenen allgemeinen Betrachtungen setzen uns nun
instand, eine Reihe schöner und wichtiger *Sätze über die nichteukli-
dische Geometrie der Kreisbogenpolygone, sowie über die Geometrie der
algebraischen Kurven* abzuleiten. Ich will im folgenden einige Beispiele solcher Sätze anführen, ohne mich des näheren auf Beweise
einzulassen, deren Grundzüge übrigens im vorstehenden enthalten sind.

1) $p = 3$, $q = 2$, $n = 2$, $m = m' = 4$.

Mit m und m' sind dabei die Ordnungen der Kurven C und C'
bezeichnet. C hat keinen Doppelpunkt, C' hat einen Doppelpunkt.
*Von den 28 Doppeltangenten von C gehen sechs durch einen Punkt
außerhalb der Kurve.*

2) $p = 4$, $q = 2$, $n = 2$, $m = 4$, $m' = 5$.

C hat zwei Doppelpunkte, C' nur einen. Setzt man die Differen-
tiale der reduziblen Integrale erster Gattung gleich Null, so erhält man
ein *Kegelschnittbüschel*, dessen vier Basispunkte von den beiden Doppel-
punkten von C und zwei weiteren Punkten derselben Kurve gebildet
werden. Sechs dieser Kegelschnitte berühren C doppelt. Derjenige
derselben, der C in einem Basispunkte berührt, oskuliert daselbst.

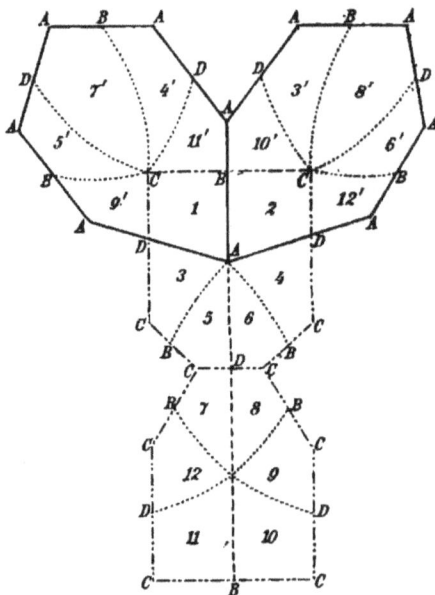

3) $p = 2$, $q = 1$, $n = 2$.

Die Kurve C ist ein *Vielfaches von zwei verschiedenen* Kurven C'
und C''. Es existiert eine Fuchssche Gruppe G, zu der man sowohl
ein erstes Polygon P_1 konstruieren kann, das aus zwei Polygonen
einer zu C' gehörigen Gruppe G' besteht, als auch ein zweites Poly-

gon P_2, das aus zwei Polygonen einer zu C'' gehörigen Gruppe G'' besteht. G ist also sowohl in G' als in G'' als Untergruppe vom Index 2 enthalten. Die nebenstehende schematische *Figur* möge zur Veranschaulichung der Verhältnisse dienen. Die beiden eben erwähnten Fundamentalbereiche P_1 und P_2 von G sind durch die Polygone mit den Ecken A bzw. C dargestellt. Jedes derselben zerfällt in zwei Secksecke, die bzw. Fundamentalbereiche von G' oder G'' sind. Um die Äquivalenz von P_1 und P_2 besser hervortreten zu lassen, sind die Symmetriezentren der erwähnten Sechsecke mit den Seitenmitten verbunden, sodaß alle Polygone sich in leicht ersichtlicher Weise aus den so entstehenden Vierecken aufbauen.

Ich gehe nun zu den Sätzen aus der Geometrie der algebraischen Kurven über, die uns dieses Beispiel lehrt. Wenn ich auf C' einen Punkt M' markiere, so entsprechen diesem zwei Punkte M_a und M_b auf C. Jedem von diesen entspricht ein Punkt von $C'' : M_a'', M_b''$. Es entsprechen also im allgemeinen jedem Punkte von C' zwei Punkte von C''. Ebenso kann man schließen, daß im allgemeinen jedem Punkte von C'' zwei Punkte von C' entsprechen. Die Korrespondenz (C', C) hat aber zwei Verzweigungspunkte M_1', M_2'. Jedem von ihnen entspricht also nur ein Punkt von C und also auch nur ein Punkt von $C'' : M_1'', M_2''$. Ebenso hat die Korrespondenz (C'', C) zwei Verzweigungspunkte N_1'', N_2''. Jedem von ihnen ist nur ein Punkt von C' zugeordnet: N_1', N_2'. Wir können dann den ersten Satz, den wir anführen wollen, so aussprechen:

N_1' und N_2' einerseits und M_1'' und M_2'' andererseits fallen zusammen.

Ich gehe zum zweiten Satz über, der sich ergibt, wenn man C' und C'' als Kurven dritter Ordnung voraussetzt.

Ich kann in $N_1' = N_2'$ die Tangente an C' ziehen. Ich verbinde ferner M_1' und M_2' durch eine Sekante. Diese beiden Geraden schneiden sich auf C. Ebenso kann ich in $M_1'' = M_2''$ die Tangente an C'' ziehen und mit der Sekante $N_1'' N_2''$ zum Schnitt bringen. Der Schnittpunkt liegt auf C''

Diese wenigen Beispiele lassen zur Genüge erkennen, wie zahlreich die besonderen Fälle sind.

ÜBER TRANSFINITE ZAHLEN

Meine Herren! Ich will heute über den Begriff der transfiniten Kardinalzahl vor Ihnen sprechen; und zwar will ich zunächst von einem *scheinbaren* Widerspruch reden, den dieser Begriff enthält. Dazu schicke ich folgendes voraus: meiner Ansicht nach ist ein Gegenstand nur dann denkbar, wenn er sich mit einer endlichen Anzahl von Worten definieren läßt. Einen Gegenstand, der in diesem Sinne endlich definierbar ist, will ich zur Abkürzung einfach „definierbar" nennen. Demnach ist also ein nicht definierbarer Gegenstand auch undenkbar. Desgleichen will ich ein Gesetz „aussagbar" nennen, wenn es in einer endlichen Anzahl von Worten ausgesagt werden kann.

Herr Richard hat nun bewiesen, daß die Gesamtheit der definierbaren Gegenstände abzählbar ist, d. h. daß die Kardinalzahl dieser Gesamtheit $\aleph_0$ ist. Der Beweis ist ganz einfach: sei α die Anzahl der Wörter des Wörterbuches, dann kann man mit n Wörtern höchstens α^n Gegenstände definieren. Läßt man nun n über alle Grenzen wachsen, so sieht man, daß man nie über eine abzählbare Gesamtheit hinauskommt. Die Mächtigkeit der Menge der denkbaren Gegenstände wäre also $\aleph_0$. Herr Schoenflies hat gegen diesen Beweis eingewandt, daß man mit einer einzigen Definition mehrere, ja sogar unendlich viele Gegenstände definieren könne. Als Beispiel führt er die Definition der konstanten Funktionen an, deren es offenbar unendlich viele gibt. Dieser Einwand ist deshalb unzulässig, weil durch solche Definitionen gar nicht die einzelnen Gegenstände, sondern ihre Gesamtheit, in unserem Beispiel also die *Menge* der konstanten Funktionen definiert wird, und diese ist ein einziger Gegenstand. Der Einwand von Herrn Schoenflies ist also nicht stichhaltig.

Nun hat bekanntlich Cantor bewiesen, daß das Kontinuum nicht abzählbar ist; dies widerspricht dem Beweise von Richard. Es fragt sich also, welcher von beiden Beweisen richtig ist. Ich behaupte, sie sind beide richtig, und der Widerspruch ist nur ein scheinbarer. Zur Begründung dieser Behauptung will ich einen neuen Beweis für den Cantorschen Satz geben: Wir nehmen also an, es sei eine Strecke AB gegeben und ein Gesetz, durch welches jedem Punkte der Strecke eine ganze Zahl zugeordnet wird. Wir wollen der Einfachheit halber die Punkte durch die ihnen zugeordneten Zahlen bezeichnen. Wir teilen nun unsere Strecke durch zwei beliebige Punkte A_1 und A_2 in drei Teile, die wir als Unterstrecken 1. Stufe bezeichnen; diese teilen wir wieder in je drei Teile und erhalten Unterstrecken 2. Stufe; dieses

Verfahren denken wir uns ins Unendliche fortgesetzt, wobei die Länge der Unterstrecken unter jede Grenze sinken soll. Der Punkt 1 gehört nun einer oder höchstens, wenn er mit A_1 oder A_2 zusammenfällt, zweien der Unterstrecken erster Stufe an, es gibt also sicher eine, der er nicht angehört. Auf dieser suchen wir den Punkt mit der niedrigsten Nummer, die nun mindestens 2 sein muß, auf. Unter den 3 Unterstrecken 2. Stufe, die zu derjenigen Strecke 1. Stufe gehören, auf der wir uns befinden, ist nun wieder mindestens eine, der der zuletzt betrachtete Punkt nicht angehört. Auf dieser setzen wir das Verfahren fort und erhalten so eine Folge von Strecken, die folgende Eigenschaften hat: jede von ihnen ist in allen vorhergehenden enthalten, und eine Strecke n^{ter} Stufe enthält keinen der Punkte 1 bis $n-1$. Aus der ersten Eigenschaft folgt, daß es mindestens einen Punkt geben muß, der ihnen allen gemeinsam ist; aus der zweiten Eigenschaft folgt aber, daß die Nummer dieses Punktes größer sein muß als jede endliche Zahl, d. h. es kann ihm keine Zahl zugeordnet werden.

Was haben wir nun zu diesem Beweise vorausgesetzt? Wir haben ein Gesetz vorausgesetzt, das jedem Punkte der Strecke eine ganze Zahl zuordnet. Dann konnten wir einen Punkt definieren, dem keine ganze Zahl zugeordnet ist. In dieser Hinsicht unterscheiden sich die verschiedenen Beweise dieses Satzes nicht. Dazu mußte aber das Gesetz zuerst feststehen. Nach Richard müßte anscheinend ein solches Gesetz existieren, aber Cantor hat das Gegenteil bewiesen. Wie kommen wir aus diesem Dilemma heraus? Fragen wir einmal nach der Bedeutung des Wortes „definierbar". Wir nehmen die Tafel aller endlichen Sätze und streichen daraus alle diejenigen, die keinen Punkt definieren. Die Übrigbleibenden ordnen wir den ganzen Zahlen zu. Wenn wir jetzt die Durchmusterung der Tafel von neuem vornehmen, so wird es sich im allgemeinen zeigen, daß wir jetzt einige Sätze stehen lassen müssen, die wir vorher gestrichen haben. Denn die Sätze, in welchen man von dem Zuordnungsgesetz selbst sprach, hatten früher keine Bedeutung, da die Punkte den ganzen Zahlen noch nicht zugeordnet waren Diese Sätze haben jetzt eine Bedeutung, und müssen in unserer Tafel bleiben. Würden wir jetzt ein neues Zuordnungsgesetz aufstellen, so würde sich dieselbe Schwierigkeit wiederholen und so ad infinitum. Hierin liegt aber die Lösung des scheinbaren Widerspruchs zwischen Cantor und Richard. Sei M_0 die Menge der ganzen Zahlen, M_1 die Menge der nach der ersten Durchmusterung der Tafel aller endlichen Sätze definierbaren Punkte unserer Strecke, G_1 das Gesetz der Zuordnung zwischen beiden Mengen. Durch dieses Gesetz kommt eine neue Menge M_2 von Punkten als definierbar hinzu. Zu $M_1 + M_2$ gehört aber ein neues Gesetz G_2, dadurch entsteht eine neue Menge M_3 usw. Richards Beweis lehrt nun, daß, wo ich auch das Verfahren abbreche, immer ein Gesetz existiert, während Cantor beweist, daß das Verfahren beliebig weit fortgesetzt werden kann. Es besteht also kein Widerspruch zwischen beiden.

Der Schein eines solchen rührt daher, daß dem Zuordnungsgesetz von Richard eine Eigenschaft fehlt, die ich mit einem von den englischen Philosophen entlehnten Ausdruck als „prädikativ" bezeichne. (Bei Russell, dem ich das Wort entlehne, ist eine Definition zweier Begriffe A und A' nicht prädikativ, wenn A in der Definition von A' und umgekehrt vorkommt). Ich verstehe darunter folgendes: Jedes Zuordnungsgesetz setzt eine bestimmte Klassifikation voraus. Ich nenne nun eine Zuordnung prädikativ, wenn die zugehörige Klassifikation prädikativ ist. Eine Klassifikation aber nenne ich prädikativ, wenn sie durch Einführung neuer Elemente nicht verändert wird. Dies ist aber bei der Richardschen nicht der Fall, vielmehr ändert die Einführung des Zuordnungsgesetzes die Einteilung der Sätze in solche, die eine Bedeutung haben, und solche, die keine haben. Was hier mit dem Wort „prädikativ" gemeint ist, läßt sich am besten an einem Beispiel illustrieren: wenn ich eine Menge von Gegenständen in eine Anzahl von Schachteln einordnen soll, so kann zweierlei eintreten: entweder sind die bereits eingeordneten Gegenstände endgültig an ihrem Platze, oder ich muß jedesmal, wenn ich einen neuen Gegenstand einordne, die anderen oder wenigstens einen Teil von ihnen wieder herausnehmen. Im ersten Falle nenne ich die Klassifikation prädikativ, im zweiten nicht. Ein gutes Beispiel für eine nicht prädikative Definition hat Russell gegeben: A sei die kleinste ganze Zahl, deren Definition mehr als hundert deutsche Worte erfordert. A muß existieren, da man mit hundert Worten jedenfalls nur eine endliche Anzahl von Zahlen definieren kann. Die Definition, die wir eben von dieser Zahl gegeben haben, enthält aber weniger als hundert Worte. Und die Zahl A ist also *definiert* als *undefinierbar*.

Zermelo hat nun gegen die Verwerfung der nicht prädikativen Definitionen den Einwand erhoben, daß damit auch ein großer Teil der Mathematik hinfällig würde, z. B. der Beweis für die Existenz einer Wurzel einer algebraischen Gleichung.

Dieser Beweis lautet bekanntlich folgendermaßen:

Gegeben ist eine Gleichung $F(x) = 0$. Man beweist nun, daß $|F(x)|$ ein Minimum haben muß; sei x_0 einer der Argumentwerte, für den das Minimum eintritt, also

$$|F(x)| \geqq |F(x_0)|.$$

Daraus folgt dann weiter, daß $F(x_0) = 0$ ist. Hier ist nun die Definition von $F(x_0)$ nicht prädikativ, denn dieser Wert hängt ab von der Gesamtheit der Werte von $F(x)$, zu denen er selbst gehört.

Die Berechtigung dieses Einwandes kann ich nicht zugeben. Man kann den Beweis so umformen, daß die nicht prädikative Definition daraus verschwindet. Ich betrachte zu diesem Zwecke die Gesamtheit der Argumente von der Form $\frac{m+ni}{p}$, wo m, n, p ganze Zahlen sind. Dann kann ich dieselben Schlüsse wie vorher ziehen, aber der Argumentwert, für den das Minimum von $|F(x)|$ eintritt, gehört im allgemeinen nicht zu den betrachteten. Dadurch ist der Zirkel im Beweise vermieden. Man kann von jedem mathematischen Beweise verlangen, daß die darin vorkommenden Definitionen usw. prädikativ sind, sonst wäre der Beweis nicht streng.

Wie steht es nun mit dem klassischen Beweise des Bernsteinschen Theorems? Ist er einwandfrei? Das Theorem sagt bekanntlich aus, daß, wenn drei Mengen A, B, C gegeben sind, wo A in B und B in C enthalten ist, und wenn A äquivalent C ist, auch A äquivalent B sein muß. Es handelt sich also auch hier um ein Zuordnungsgesetz. Wenn das erste Zuordnungsgesetz (zwischen A und C) prädikativ ist, so zeigt der Beweis, daß es auch ein prädikatives Zuordnungsgesetz zwischen A und B geben muß.

Was nun die zweite transfinite Kardinalzahl $\aleph_1$ betrifft, so bin ich nicht ganz überzeugt, daß sie existiert. Man gelangt zu ihr durch Betrachtung der Gesamtheit der Ordnungszahlen von der Mächtigkeit $\aleph_0$; es ist klar, daß diese Gesamtheit von höherer Mächtigkeit sein muß. Es fragt sich aber, ob sie abgeschlossen ist, ob wir also von ihrer Mächtigkeit ohne Widerspruch sprechen dürfen. Ein aktual Unendliches gibt es jedenfalls nicht.

Was haben wir von dem berühmten *Kontinuumproblem* zu halten? Kann man die Punkte des Raumes wohlordnen? Was meinen wir damit? Es sind hier zwei Fälle möglich: entweder behauptet man, daß das Gesetz der Wohlordnung endlich aussagbar ist, dann ist diese Behauptung nicht bewiesen; auch Herr Zermelo erhebt wohl nicht den Anspruch, eine solche Behauptung bewiesen zu haben. Oder aber wir lassen auch die Möglichkeit zu, daß das Gesetz nicht endlich aussagbar ist. Dann kann ich mit dieser Aussage keinen Sinn mehr verbinden, das sind für mich nur leere Worte. Hier liegt die Schwierigkeit. Und das ist wohl auch die Ursache für den Streit über den fast genialen Satz Zermelos. Dieser Streit ist sehr merkwürdig: die einen verwerfen das Auswahlpostulat, halten aber den Beweis für richtig, die anderen nehmen das Auswahlpostulat an, erkennen aber den Beweis nicht an.

Doch ich könnte noch manche Stunde darüber sprechen, ohne die Frage zu lösen.

LA MÉCANIQUE NOUVELLE

Mesdames, messieurs

Aujourd'hui, je suis obligé de parler français, et il faut que je m'en excuse. Il est vrai que dans mes précédentes conférences je me suis exprimé en allemand, en un très mauvais allemand: parler les langues étrangères, voyez-vous, c'est vouloir marcher lorsqu'on est boiteux; il est nécessaire d'avoir des béquilles; mes béquilles, c'étaient jusqu'ici les formules mathématiques et vous ne sauriez vous imaginer quel appui elles sont pour un orateur qui ne se sent pas très solide. — Dans la conférence de ce soir, je ne veux pas user de formules, je suis sans béquilles, et c'est pourquoi je dois parler français.

En ce monde, vous le savez, il n'est rien de définitif, rien d'immuable; les empires les plus puissants, les plus solides, ne sont pas éternels: c'est là un thème que les orateurs sacrés se sont plu bien souvent à développer. — Les théories scientifiques sont comme les empires, elles ne sont pas assurées du lendemain. Si l'une d'elles semblait à l'abri des injures du temps, c'était, certes, la mécanique newtonienne: elle paraissait incontestée, c'était un monument impérissable; et voilà qu'à son tour, je ne dirai pas que le monument est par terre, ce serait prématuré, mais en tout cas il est fortement ébranlé. Il est soumis aux attaques de grands démolisseurs: vous en avez un parmi vous, M. Max Abraham, un autre est le physicien hollandais M. Lorentz. Je voudrais, en quelques mots, vous parler des ruines de l'ancien édifice et du nouveau bâtiment que l'on veut élever à leur place. —

Tout d'abord qu'est-ce qui caractérisait l'ancienne mécanique? C'était ce fait très simple: je considère un corps en repos, je lui communique une impulsion, c'est à dire je fais agir sur lui, pendant un temps donné une force donnée; le corps se met en mouvement, acquiert une certaine vitesse; le corps étant animé de cette vitesse, faisons agir encore la même force pendant le même temps, la vitesse sera doublée; si nous continuons encore, la vitesse sera triplée après que nous aurons une troisième fois donné une impulsion identique. Recommençons ainsi un nombre suffisant de fois, le corps finira par acquérir une vitesse très grande, qui pourra dépasser toute limite, une vitesse infinie.

Dans la nouvelle mécanique, au contraire, on suppose qu'il est impossible de communiquer à un corps partant du repos une vitesse

4*

supérieure à celle de la lumière. Que se passe-t-il? Je considère le même corps au repos; je lui donne une première impulsion, la même que précédemment, il prendra la même vitesse; renouvelons une seconde fois cette impulsion, la vitesse va encore augmenter, mais elle ne sera plus doublée; une troisième impulsion produira un effet analogue, la vitesse augmente mais de moins en moins, le corps oppose une résistance qui devient de plus en plus grande. Cette résistance, c'est l'inertie, c'est ce qu'on appelle communément la masse; tout ce passe alors dans cette nouvelle mécanique comme si la masse n'était pas constante, mais croissait avec la vitesse. Nous pouvons représenter graphiquement les phénomènes: dans l'ancienne mécanique, le corps prend après la première impulsion une vitesse représentée par le segment $\overline{Ov_1}$; après la deuxième impulsion $\overline{Ov_2}$ s'accroît d'un segment $\overline{v_1v_2}$ qui lui est égal, à chaque nouvelle impulsion, la vitesse s'accroît de la même quantité, le segment qui la représente s'accroît d'une longueur constante; dans la nouvelle mécanique, le segment vitesse s'accroît

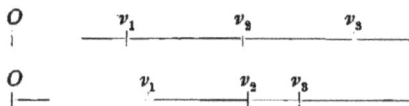

$$O \qquad v_1 \qquad v_2 \qquad v_3$$

$$O \qquad v_1 \qquad v_2 \quad v_3$$

de segments $\overline{v_1'v_2'}$, $\overline{v_2'v_3'}$, ... qui sont de plus en plus petits et tels que nous ne pouvons pas dépasser une certaine limite, la vitesse de la lumière.

Comment a-t-on été conduit à de telles conclusions? A-t-on fait des expériences directes? Les divergences ne se produiront que pour les corps animés de grandes vitesses; c'est alors seulement que les différences signalées deviennent sensibles. Mais, qu'est-ce qu'une très grande vitesse? Est-ce celle d'une automobile qui fait 100 kilomètres à l'heure; on s'extasie dans la rue sur une telle rapidité; à notre point de vue, c'est pourtant bien peu, une vitesse d'escargot. L'astronomie nous donne mieux: Mercure, le plus rapide des corps célestes parcourt lui aussi 100 kilomètres environ, non plus à l'heure mais à la seconde: pourtant, cela ne suffit pas encore, de telles vitesses sont trop faibles pour révéler les différences que nous voudrions observer. Je ne parle pas de nos boulets de canon, ils sont plus rapides que les automobiles, mais beaucoup plus lents que Mercure; vous savez cependant qu'on a découvert une artillerie dont les projectiles sont beaucoup plus vite: je veux parler du radium qui envoie dans tous les sens de l'énergie, des projectiles; la rapidité du tir est bien plus grande, la vitesse initiale est de 100000 kilomètres par seconde, le tiers de la vitesse de la lumière; le calibre des projectiles, leur poids, sont, il est vrai, bien plus faibles et nous ne devons pas compter sur cette artillerie pour augmenter la puissance militaire de nos armées. Peut-on expérimenter sur ces projectiles? De telles expériences ont été effectivement tentées; sous l'influence d'un champ électrique, d'un champ magnétique il se produit une déviation qui permet de se rendre compte de l'inertie et de la mesurer. On a constaté ainsi que la masse dépend de la vitesse et énoncer cette loi: L'inertie d'un corps croît avec sa vitesse qui reste inférieure à celle de la lumière, 300000 kilomètres par seconde.

Je passe maintenant au deuxième principe, le principe de relativité. Je suppose un observateur qui se déplace vers la droite; tout se passe pour lui comme s'il était au repos, les objets qui l'entourent se déplaçant vers la gauche: aucun moyen ne permet de savoir si les objets se déplacent réellement, si l'observateur est immobile ou en mouvement. Ou l'enseigne dans tous les cours de mécanique, le passager sur le bateau croit voir le rivage du fleuve se déplacer, tandis qu'il est doucement entraîné par le mouvement du navire. Examinée de plus près, cette simple notion acquiert une importance capitale; on n'a aucun moyen de trancher la question, aucune expérience ne peut mettre en défaut le principe: il n'y a pas d'espace absolu, tous les déplacements que nous pouvons observer sont des déplacements relatifs. Ces considérations bien familières aux philosophes, j'ai eu quelquefois l'occasion de les exprimer: j'en ai même recueilli une publicité dont je me serais volontiers passé, tous les journaux réactionnaires français m'ont fait démontrer que le soleil tournait autour de la terre; dans le fameux procès entre l'Inquisition et Galilée, Galilée aurait eu tous les torts.

Revenons à l'ancienne mécanique: elle admettait le principe de relativité; au lieu d'être fondées sur des expériences, ses lois étaient déduites de ce principe fondamental. Ces considérations suffisaient pour les phénomènes purement mécaniques, mais cela n'allait plus pour d'importantes parties de la physique, l'optique par exemple. On considérait comme absolue la vitesse de la lumière relativement à l'éther: cette vitesse pouvait être mesurée, on avait théoriquement le moyen de comparer le déplacement d'un mobile à un déplacement absolu, le moyen de décider si oui ou non un corps était en mouvement absolu.

Des expériences délicates, des appareils extrêmement précis, que je ne décrirai pas devant vous, ont permis d'essayer la réalisation pratique d'une pareille comparaison: le résultat a été nul. Le principe de relativité n'admet aucune restriction dans la nouvelle mécanique; il a, si j'ose ainsi dire, une valeur absolue.

Pour comprendre le rôle que joue le principe de relativité dans la Nouvelle Mécanique, nous sommes d'abord amenés à parler du temps apparent, une invention fort ingénieuse du physicien Lorentz. Nous supposons deux observateurs l'un A à Paris, l'autre B à Berlin.

A et *B* ont des chronomètres identiques et veulent les régler; mais ce sont des observateurs méticuleux comme il n'y en a guère; ils exigent dans leur réglage une extraordinaire exactitude: ce sera, par exemple, non une seconde, mais un milliardième de seconde. Comment pourront-ils faire? De Paris à Berlin, *A* envoie un signal télégraphique, avec un sans-fil, si vous voulez, pour être tout à fait moderne. *B* note le moment de la réception et ce sera pour les deux chronomètres l'origine des temps. Mais le signal emploie un certain temps pour aller de Paris à Berlin, il ne va qu'avec la vitesse de la lumière; la montre de *B* serait donc en retard; *B* est trop intelligent pour ne point s'en rendre compte; il va remédier à cet inconvénient. La chose semble bien simple: on croîse les signaux, *A* reçoit et *B* envoie, on prend la moyenne des corrections ainsi faites, on a l'heure exacte. Mais cela est-il bien certain? Nous supposons que de *A* à *B* le signal emploie le même temps que pour aller de *B* à *A*. Or *A* et *B* sont emportés dans le mouvement de la terre par rapport à l'éther, véhicule des ondes électriques. Quand *A* a envoyé son signal il fuit devant lui, *B* s'éloigne de même, le temps employé sera plus long que si les deux observateurs étaient au repos; si au contraire c'est *B* qui envoie, *A* qui reçoit, le temps est plus court parce que *A* va au devant des signaux; il leur est absolument impossible de savoir si leurs chronomètres marquent ou non la même heure. Quelle que soit la méthode employée les inconvénients restent les mêmes l'observation d'un phénomène astronomique, une méthode optique quelconque se heurtent aux mêmes difficultés, *B* ne pourra jamais connaître qu'une différence apparente de temps, qu'une espèce d'heure locale. Le principe de relativité s'applique intégralement.

Dans l'ancienne mécanique pourtant, on démontrait avec ce principe toutes les lois fondamentales. On pourrait être tenté de reprendre les raisonnements classiques et de raisonner comme il suit? Soit encore deux observateurs, *A* et *B* pour les nommer comme on nomme toujours deux observateurs en mathématiques; supposons les en mouvement, s'éloignant l'un de l'autre; aucun d'eux ne peut dépasser la vitesse de la lumière; par exemple *B* sera animé de 200 000 kilomètres vers la droite, *A* de 200 000 vers la gauche. *A* peut se croire au repos et la vitesse apparente de *B* sera, pour lui, 400 000 kilomètres. Si *A* connait la mécanique nouvelle il se dira: *B* a une vitesse qu'il ne peut atteindre, c'est donc que moi aussi je suis en mouvement. Il semble qu'il pourrait décider de sa situation absolue. Mais il faudrait qu'il puisse observer le mouvement de *B* lui même; pour faire cette observation *A* et *B* commencent par régler leurs montres, puis *B* envoie à *A* des télégrammes pour lui indiquer ses positions successives; en les réunissant *A* peut se rendre compte du mouvement de B et tracer la courbe de ce mouvement. Or les signaux se propagent avec la vitesse de la lumière; les montres qui marquent le temps apparent varient à chaque instant et tout se passera comme si la montre de B avançait. B croira aller beaucoup moins vite et la vitesse apparente qu'il aura relativement à A ne dépassera pas la limite qu'elle ne doit pas atteindre. Rien ne pourra révéler à A s'il est en mouvement ou en repos absolu.

Il faut encore faire une troisième hypothèse beaucoup plus surprenante, beaucoup plus difficile à admettre, qui gêne beaucoup nos habitudes actuelles. Un corps en mouvement de translation subit une déformation dans le sens même où il se déplace; une sphère, par exemple, devient comme une espèce d'ellipsoïde aplati dont le petit axe serait parallèle à la translation. Si l'on ne s'aperçoit pas tous les jours d'une transformation pareille c'est qu'elle est d'une petitesse qui la rend presque imperceptible. La terre, emportée dans sa révolution sur son orbite se déforme environ de $\frac{1}{200\,000\,000}$: pour observer un pareil phénomène il faudrait des instruments de mesure d'une précision extrême, mais leur précision serait infinie qu'on n'en serait pas plus avancé car emportés eux aussi dans le mouvement ils subiront la même transformation. On ne s'apercevra de rien; le mètre que l'on pourrait employer deviendra plus court comme la longueur qu'on mesure. On ne peut savoir quelque chose qu'en comparant à la vitesse de la lumière la longueur de l'un de ces corps. Ce sont là de délicates expériences, réalisées par Michelson et dont je ne vous exposerai pas le détail; elles ont donné des résultats tout à fait remarquables; quelqu'étranges qu'il nous paraissent, il faut admettre que la troisième hypothèse est parfaitement vérifiée.

Telles sont les bases de la nouvelle mécanique, avec l'appui de ces hypothèses on trouve qu'elle est compatible avec le principe de relativité.

Mais il faut la rattacher alors à une conception nouvelle de la matière.

Pour le physicien moderne, l'atome n'est plus l'élément simple; il est devenu un véritable univers dans lequel des milliers de planètes gravitent autour de soleils minuscules. Soleils et planètes sont ici des particules *électrisées* soit négativement soit positivement; le physicien les appelle *électrons* et bâtit le monde avec elles. D'aucuns se représentent l'atome neutre comme une masse centrale positive autour de laquelle circulent un grand nombre d'électrons chargés négativement, dont la masse électrique totale est égale en grandeur à celle du noyau central.

Cette conception de la matière permet de rendre compte aisément de l'augmentation de la masse d'un corps avec sa vitesse, dont nous

avons fait un des caractères de la mécanique nouvelle. Un corps quelconque n'étant qu'un assemblage d'électrons, il nous suffira de le
montrer sur ces derniers. Remarquons, à cet effet, q'un électron isolé
se déplaçant à travers l'éther engendre un courant électrique, c'est-à-
dire un champ électromagnétique. Ce champ correspond à une certaine
quantité d'énergie localisée non dans l'électron, mais dans l'éther. Une
variation en grandeur ou en direction de la vitesse de l'électron mo-
difie le champ et se traduit par une variation de l'énergie électromagnétique de l'éther. Alors que dans la mécanique newtonienne
la dépense d'énergie n'est due qu'à l'inertie du corps en mouvement,
ici une partie de cette dépense est due à ce que l'on peut appeler
l'inertie de l'éther relativement aux forces électromagnétiques. L'inertie
de l'éther augmente avec la vitesse et sa limite devient infinie lorsque
la vitesse tend vers la vitesse de la lumière. La masse apparente de
l'électron augmente donc avec la vitesse; les expériences de Kauf-
mann montrent que la masse réelle constante de l'électron est négli-
geable par rapport à la masse apparente et peut être considérée
comme nulle.

Dans cette nouvelle conception, la masse constante de la matière
a disparu. L'éther seul, et non plus la matière, est inerte. Seul
l'éther oppose une résistance au mouvement, si bien que l'on pourrait
dire: il n'y a pas de matière, il n'y a que des trous dans l'éther.
Pour les mouvements stationnaires ou quasi-stationnaires, la mécanique
nouvelle ne diffère pas — au degré d'approximation de nos mesures
près — de la mécanique newtonienne, avec cette seule différence que
la masse n'est plus indépendante ni de la vitesse, ni de l'angle que
fait cette vitesse avec la direction de la force accélératrice. Si par
contre la vitesse a une accélération considérable, dans le cas, par ex.,
d'oscillations très rapides, il y a production d'ondes hertziennes re-
présentant une perte d'énergie de l'électron entraînant l'amortissement
de son mouvement. Ainsi, dans la télégraphie sans fil, les ondes
émises sont dues aux oscillations des électrons dans la décharge oscillante.

Des vibrations analogues ont lieu dans une flamme et de même
encore dans un solide incandescent. Pour Lorentz, il circule à l'intérieur
d'un corps incandescent un nombre considérable d'électrons qui, ne
pouvant pas en sortir, volent dans tous les sens et se réfléchissent
sur sa surface. On pourrait les comparer à une nuée de moucherons
enfermés dans un bocal et venant frapper de leurs ailes les parois de
leur prison. Plus la température est élevée, plus le mouvement de
ces électrons est rapide et plus les chocs mutuels et les réflexions
sur la paroi son nombreuses. A chaque choc et à chaque réflexion
une onde électromagnétique est émise et c'est la perception de ces
ondes qui nous fait paraître le corps incandescent.

Le mouvement des électrons est presque tangible, dans un tube de Crookes. Il s'y produit un véritable bombardement d'électrons partant de la cathode. Ces rayons cathodiques frappent violemment l'anticathode et s'y réfléchissent en partie donnant ainsi naissance à un ébranlement électromagnétique que plusieurs physiciens indentifient avec ler rayons Röntgen.

Il nous reste en terminant à examiner les relations de la mécanique nouvelle avec l'astronomie. La notion de masse constante d'un corps s'évanouissant, que deviendra la loi de Newton? Elle ne pourra subsister que pour des corps en repos. .De plus il faudra tenir compte du fait que l'attraction n'est pas instantanée. On peut donc se demander avec raison si la mécanique nouvelle ne va réussir qu'à compliquer l'astronomie sans obtenir une approximation supérieure à celle que nous donne la mécanique céleste classique. Mr. Lorentz a abordé la question. Partant de la loi de Newton supposée vraie pour deux corps électrisés au repos, il calcule l'action électrodynamique des courants engendrés par ces corps en mouvement; il obtient ainsi une nouvelle loi d'attraction contenant les vitesses des deux corps comme paramètres. Avant d'examiner comment cette loi rend compte des phénomènes astronomiques, remarquons encore que l'accélération des corps célestes a comme conséquence un rayonnement électromagnétique, donc une dissipation de l'énergie se faisant ressentir en retour par un amortissement de leur vitesse. A la longue, les planètes finiront donc par tomber sur le soleil. Mais cette perspective ne peut guère nous effrayer, la catastrophe ne pouvant arriver que dans quelques millions de milliards de siècles. Revenant maintenant à la loi d'attraction, nous voyons aisément que la différence entre les deux mécaniques sera d'autant plus grande que la vitesse des planètes sera plus grande. S'il y a une différence appréciable, ce sera donc pour Mercure qu'elle sera la plus grande, Mercure ayant de toutes les planètes la plus grande vitesse. Or il arrive justement que Mercure présente une anomalie non encore expliquée: le mouvement de son périhélie est plus rapide que le mouvement calculé par la théorie classique. L'accélération est de 38″ trop grande. Leverrier attribua cette anomalie à une planète non encore découverte et un astronome amateur crut observer son passage au soleil. Depuis lors plus personne ne l'a vue et il est malheureusement certain que cette planète aperçue n'était qu'un oiseau. Or la mécanique nouvelle rend bien compte du sens de l'erreur relative à Mercure, mais elle laisse cependant encore une marge de 32″ entre elle et l'observation. Elle ne suffit donc pas à ramener la concordance dans la théorie de Mercure. Si ce résultat n'est guère décisif en faveur de la mécanique nouvelle, il est encore moins défavorable a son acceptation puisque le sens dans lequel elle corrige l'écart de la théorie classique est le bon. La théorie des autres planètes n'est pas sensiblement modifié dans la nouvelle théorie et les résultats coïncident à l'approximation des mesures près à ceux de la théorie classique.

Pour conclure, il serait prématuré, je crois, malgré la grande valeur des arguments et des faits érigés contre elle, de regarder la mécanique classique comme définitivement condamnée. Quoiqu'il en soit d'ailleurs, elle restera la mécanique des vitesses très petites par rapport à celle de la lumière, la mécanique donc de notre vie pratique et de notre technique terrestre. Si cependant, dans quelques années sa rivale triomphe, je me permettrai de vous signaler un écueil pédagogique que n'éviteront pas nombre de maitres, en France, tout au moins. Ces maitres n'auront rien de plus pressé, en enseignant la mécanique élémentaire à leurs élèves, que de leur apprendre que cette mécanique là a fait son temps, qu'une mécanique nouvelle où les notions de masse et de temps ont une toute autre valeur la remplace; ils regarderont de haut cette mécanique périmée que les programmes les forcent à enseigner et feront sentir à leurs élèves le mépris qu'ils lui portent. Je crois bien cependant que cette mécanique classique dédaignée sera aussi nécessaire que maintenant et que celui qui ne la connaitra pas à fond ne pourra comprendre la mécanique nouvelle.

Personen- und Sachregister.

www.ingramcontent.com/pod-product-compliance
Lightning Source LLC
Chambersburg PA
CBHW021829190326
41518CB00007B/796

9 7 8 3 9 5 5 6 2 3 1 3 5